编　审　人　员

主　编　贺小凤

深圳信息职业技术学院

副主编　徐家颖

广东省环境保护职业技术学校

成　员　刘艳霖

深圳信息职业技术学院

王国胜

深圳信息职业技术学院

何小军

深圳市建设工程质量检测中心

陈　辉

广东省环境保护职业技术学校

全国高职高专规划教材

室内环境检测实训指导

主　编　贺小凤

副主编　徐家颖

中国环境出版集团・北京

图书在版编目（CIP）数据

室内环境检测实训指导/贺小凤主编．—北京：中国环境出版集团，2010.3（2022.7 重印）

（全国高职高专规划教材）

ISBN 978-7-5111-0194-5

Ⅰ．室…　Ⅱ．贺…　Ⅲ．室内空气污染—检测—高等学校：技术学校—教材　Ⅳ．X510.2

中国版本图书馆 CIP 数据核字（2010）第 028715 号

出 版 人　武德凯
责任编辑　黄晓燕　陈雪云
责任校对　薄军霞
封面设计　宋　瑞

出版发行　中国环境出版集团
（100062　北京市东城区广渠门内大街 16 号）
网　　址：http://www.cesp.com.cn
电子邮箱：bjgl@cesp.com.cn
联系电话：010-67112765（编辑管理部）
010-67112735（第一分社）
发行热线：010-67125803，010-67113405（传真）

印　　刷　北京中科印刷有限公司
经　　销　各地新华书店
版　　次　2010 年 3 月第 1 版
印　　次　2022 年 7 月第 2 次印刷
开　　本　787×960　1/16
印　　张　8
字　　数　140 千字
定　　价　25.00 元

前言

校企合作、工学结合是当前我国职业教育改革与发展的方向。《室内环境检测实训指导》是《室内环境检测》课程的配套实训教材。在教材内容的编排上， 以工学结合为切入点，以工作过程为导向，以职业岗位的真实任务为载体，设计实训项目，再围绕实训项目组织教学内容，按照国家标准和行业规范监测实训效果。加强了实践教学环节，突出了工学结合人才培养模式，为学生顶岗实习打下坚实的基础，增强学生上岗就业的竞争力。《室内环境检测实训指导》教材具有以下特点:

（1）根据企业岗位技能的要求和学生实际，将企业真实的职业任务整合成 13 个实训项目，其中 11 个实训项目为单一污染物的检测，2 个实训项目为综合性实训项目，供教师根据实验条件选择使用。

（2）聘请从事室内环境检测的企业专家参与本实训教材的编写，使教材紧密结合职业岗位要求，努力突出实践性和应用性。

（3）本教材编制的实训操作指导内容清晰、详尽，并配有技能考核标准，融实训内容和考核标准为一体，对每一个步骤都制订出规范的实训要求和量化考核标准，便于学生使用教材进行技能训练，方便学生根据教材提供的考核标准审核自己对实验原理、基本实验技能和仪器操作的掌握程度。

（4）根据本教材，学生在完成技能训练项目和综合实训项目的基础上，通过培训、考核，可获得室内环境检测国家职业资格证书。

（5） 本教材可作为高职高专室内检测与控制技术专业、环境监测与治理专业和其他环保类专业的实训教材，以及从事环境监测、环境工程、环境管理的专业人员进行职业资格考试的培训教材。

《室内环境检测实训指导》由贺小凤（深圳信息职业技术学院）担任主编，负责教材的整体构思和统稿工作，并负责第四章、第八章和附录的编写工作。徐家颖（广东省环境保护职业技术学校）担任副主编，并负责第二章的编写工作。刘艳霖（深圳信息职业技术学院）负责第三章的编写工作。王国胜（深圳信息职业技术学院）负责第一章和第五章的编写工作。何小军（深圳市建设工程质量检测中心）负责第六章的编写工作。陈辉（广东省环境保护职业技术学校）负责第七章的编写工作。

本书的出版得到了中国环境科学出版社的大力支持和帮助，在此谨向出版社和文献原作者表示衷心的感谢。由于编者水平有限，书中定有错误和不妥之处，敬请批评指正。

编　者

2009 年 11 月

目录

第一章 室内环境检测实验室 CMA 认证

第一节 CMA 认证的概述

一、什么是 CMA 证书

CMA 是“China Metrology Accreditation”的字头缩写，中文含义为“中国计量认证”，现在也叫“实验室资质认定”。它是根据《中华人民共和国计量法》的规定，由省级以上人民政府计量行政部门对检测机构的检测能力及可靠性进行的一种全面的认证及评价。认证对象是所有对社会出具公证数据的产品质量监督检验机构及其他各类实验室，如各种产品质量监督检验站、环境检测站、疾病预防控制中心等。取得计量认证合格证书的检测机构，可按证书上批准列明的项目，在检测证书及报告上使用 CMA 标记。1990 年，国家技术监督局发布《产品质量检验机构的计量认证标志和标志的使用和操作说明》，规定了计量认证标志的标准图例，并规定：获得计量认证的检验机构，在其计量认证证书有效期内，允许其检验报告封面的左上方印制或加盖 CMA 标志章；凡未获得计量认证或超过计量认证有效期的检验机构一律不得在其检验报告上使用 CMA 标志。

目前，计量认证已成为诸多行业，尤其是关系百姓切身利益的行业评价检测机构检测能力的一种有效手段；同时也是检测机构进入市场的准入证。例如，我们日常生活中经常接触的机动车尾气检测，所有从事该项目检测的机动车检测场都必须通过计量认证，在报告上使用 CMA 标记；从事室内空气质量检测的实验室也必须通过计量认证。

二、计量认证的产生

计量认证是我国规范检测市场、管理检测机构的一项最基本的资质要求，它是具有法律依据的一项行政许可制度。根据 1985 年 9 月发布的《中华人民共和国计量法》第二十二条规定：“为社会提供公证数据的产品质检机构，必须经省级以上人民政府计量行政部门对其计量检定、测试的能力和可靠性考核合格。”

1987 年颁布的《中华人民共和国计量法实施细则》第三十二条中首次提出了

计量认证，并对计量认证做了明确规定："为社会提供公证数据的产品质检机构，必须经省级以上人民政府计量行政部门计量认证"，"省级以上人民政府计量行政部门应指定所属的计量检定机构或者被授权的技术机构进行考核，合格后，由接受申请的省级以上人民政府计量行政部门颁发计量认证合格证书。未取得计量认证合格证书的，不得开展产品质量检测工作"。《产品质量检验机构计量认证管理办法》第四条对计量认证工作做出进一步规定："经计量认证合格的产品质量检验机构所提供的数据，用于贸易出证、产品质量评价、成果鉴定，作为公证数据，具有法律效力。"

为社会提供公证数据的产品质量检验机构必须通过计量认证考核合格，这是我国法律、法规的强制性要求。

三、计量认证的实施模式

根据《产品质量检验机构计量认证管理办法》的有关规定，计量认证分两级实施，属于全国性的产品质检机构，由国务院计量行政主管部门会同有关行业主管部门组织实施；属于地方性的产品质检机构，由省级计量行政主管部门负责并会同有关主管部门组织实施。

国家计量认证依托于行业评审组，具体组织实施对行业质检机构的计量认证评审。为发挥行业主管部门的作用，原国家质量技术监督局从 20 世纪 90 年代初开始，通过与部委联合发文的形式，先后批准组建了 36 个行业的计量认证评审组。1999 年 7 月，根据政府机构改革情况，质量技术监督局将其调整为 31 个。2004 年 4 月，国家认监委发文，再次将行业评审组调整为 26 个。重新确认的 26 个国家计量认证行业评审组是：农业、石油、卫生、环保、机械汽车、供排水水质、铁道、国防、电力、海洋、交通、水利、轻工、中科院、分析测试与冶金、商贸、信息产业、高校、化工、国土资源、节能监测、建材、安全生产、有色、供销、军用油料。

省级计量认证由各省级质量技术监督局按照国家的统一要求具体组织实施。

不论是国家级还是省级认证，对通过认证的检测机构在全国均同样法定有效，不存在办理部门效力不同的差异。

四、计量认证的评审依据

1987 年 7 月，原国家计量局发布了《产品质量检验机构计量认证管理办法》，计量认证工作开始正式规范实施，当时评审依据主要参考了 ISO/IEC 导则 25—1982。1990 年，经过三年实践，原国家技术监督局正式发布了《产品质量检验机构计量认证技术考核规范》（JJG 1021—90），以此作为全国统一的计量认证评审考核依据。该评审准则从组织机构、仪器设备、检测工作、人员、环境、工作制度六大方面制定了50条考核要求。2000年10月，在JJG 1021执行了10年之后，原国家质量技术监督局为解决重复考核和与国际惯例接轨的问题，同时兼顾我国的法律要求和具体国情，制定并发布了计量认证、审查认可“二合一”评审准则：《产品质量检验机构计量认证/审查认可（验收）评审准则》（试行），规定从2001年12月1日起实施。该评审准则不仅涵盖了《校准和检测实验室能力的通用要求》（GB/T 15481—1995）（等同采用ISO/IEC 导则 25—1990）的全部内容，同时满足了《计量法》对检验机构计量认证部分的要求和《标准化法》对检验机构审查认可（验收）的特殊要求，也参照了《检测和校准实验室能力的通用要求》（ISO/IEC 17025—1999）的有关规定。

2002年6月，国家认监委发文再次强调，全国计量认证依据的评审准则执行原国家质量技术监督局发布的“二合一”评审准则：《产品质量检验机构计量认证/审查认可（验收）评审准则》（试行）。

自2006年4月1日起，全国计量认证评审的依据是《实验室和检查机构资质认定管理办法》和《实验室资质认定评审准则》。

五、《实验室资质认定评审准则》的基本介绍

《准则》分为五部分：总则、参考文件、术语和定义、管理要求、技术要求。其中，管理要求包括组织，管理体系，文件控制，检测和/或校准分包，服务和供应品的采购，合同评审，申诉和投诉，纠正措施、预防措施及改进，记录，内部审核，管理评审。技术要求包括人员、设施和环境条件、检测和校准方法、设备和标准物质、测量溯源性、抽样和样品处置、结果质量控制、结果报告。下面就管理要求和技术要求的一些要点作简要介绍。

（一）管理要求

1. 组织

（1）法律地位分独立法人和非独立法人。

（2）实验室应有措施保证公正性、独立性、诚实性，有政策和程序以避免卷入任何可能会降低其能力、公正性、判断力或运作诚实性方面的可信程度的活动。

（3）须明确管理人员、操作和核查人员的职责、权力和相互关系。

（4）须任命一定比例的监督员，对检测过程实施足够有效的监督，须有技术管理层，须指定质量主管。

2. 管理体系

管理体系文件由质量手册、程序文件、作业指导书、记录构成。

质量手册：阐明一个组织的质量方针、目标，并描述其质量管理体系要素、职责及途径，是实验室的纲领性文件。

程序文件：描述质量管理体系涉及的各个部门的职能活动，是质量手册的支持性文件。

作业指导书：是某个具体作业的指导工作文件，回答如何做的问题，由具体操作执行人员使用，如设备操作规程、检验细则等。

记录：包括质量记录和技术记录，如表格、签名、原始记录等。

3．文件控制

（1）文件的内容和分类按来源分为内部文件和外部文件，按载体分为纸版文件、电子版文件、胶片版文件，按形式分为文字、图片、表格、数据、张贴品等，按性质分为质量文件、技术文件、法律和行政文件。

（2）文件控制需注意所有文件由授权人批准，要有分发控制清单及当前修订状态清单。所有作业场所应有相应文件，并定期审查，及时撤除作废文件，保留作废文件标识。外来文件要有目录、受控发放记录，以跟踪其有效性，所有文件要有唯一性标识。

4．检测和/或校准分包

常用检测项目的仪器不能分包，贵重仪器和使用频率少的仪器可以分包，分包要征得客户同意。

5．服务和供应品的采购

（1）实验室应确保购买的影响检测质量的供应品、试剂和消耗材料，在经检查或以其他方式验证了其符合有关检测和（或）校准方法中规定的标准规范或要求之后才能投入使用，应保存所采取的符合性检查活动的记录。

（2）实验室应对影响检测和校准质量的重要消耗品、供应品和服务的供应商进行评价，并保存这些评价的记录和获批准的供应商名单。

6．合同评审

（1）合同评审的目的是满足客户要求。

（2）合同评审需在签订承诺合同前进行，要保留记录，要评审分包出去的工作，合同有修改时要重新评审。

7．申诉和投诉

实验室应有政策和程序处理来自客户或其他方面的投诉，应保存所有投诉的记录以及实验室针对投诉开展的调查和纠正措施的记录。

8．纠正措施、预防措施及改进

（1）当发现和确认了检测有差异，或与质量体系或技术运作的政策和程序发生偏离时，应实施纠正措施。

（2）在确定了潜在的不符合的原因时，应实施预防措施。

（3）编制纠正措施和预防措施的实施程序。

（4）实验室应对纠正措施和预防措施的结果进行监控，以确保采取的措施是有效的。

9. 记录

（1）记录分为质量记录和技术记录。

（2）记录的共同要求：所有记录应清晰明了、以便于存取的方式存放、保存在适宜的环境中、应规定记录的保存期、所有记录应给予安全保护和保密。

（3）技术记录（原始记录）的要求：信息足够原则（应包括负责抽样人员、每项检测和/或校准的操作人员和结果校核人员的标识）、现场记录、修改要求（当记录中出现错误时，每一错误应划改，不可擦涂掉，以免字迹模糊或消失，并将正确值填写在其旁边。对记录的所有改动应有改动人的签名或签名缩写。对电子存储的记录也应采取同等措施，以避免原始数据丢失或改动）。

10. 内部审核

（1）审核的定义：为获得审核证据并对其进行客观评价，以确定满足审核准则的程度所进行的系统的、独立的并形成文件的过程。

（2）审核的步骤：年度计划—成立内审小组—发放内审实施计划—编写检查表—现场审核—发出内审不符合报告—纠正措施—内审小组跟踪确认—编写内审报告。

（3）审核人员应经过培训并确认其资格，只要资源允许，审核人员应独立于被审核的工作。

（4）内部审核活动周期为一年。

11. 管理评审

实验室的最高管理者应根据预定的日程表和程序，定期地（1 年）对实验室的管理体系和检测和（或）校准活动进行评审，以确保其持续适用和有效，并进行必要的变更或改进。

（二）技术要求

1. 人员

（1）确保与检测有关的人员都具备相应的能力，并对这些人员的技能进行培训，对其资格提出考核要求。

（2）明确各级人员的职责和任职条件。

（3）对从事特定工作的人员进行资格确认。

（4）根据确认结果及当前与预期的任务采取相应的措施，如提出教育、培训和技能的目标并加以实施。

（5）建立技术人员的教育、专业资格、培训、技能和经验的记录，必要时包括学术著作。

2．设施和环境条件

（1）实验室应监测、控制和记录环境条件。

（2）应将不相容活动的相邻区域进行有效隔离。

（3）应对影响检测和（或）校准质量的区域的进入和使用加以控制。

（4）应采取措施确保实验室的良好内务，必要时应制定专门的程序。

3．检测和校准方法

（1）方法的选择顺序：首选国际或国家标准，其次选权威书籍或期刊所载方法；当采用尚未制定成标准的检测方法时，实验室应征得客户的同意。

（2）方法的确认要求：使用参考标准或标准物质（参考物质）进行校准；与其他方法所得的结果进行比较；实验室间比对；对影响结果的因素作系统性评审；根据对方法的理论原理和实践经验的科学理解，对所得结果不确定度进行的评定。

（3）确认尽可能给出的值：结果的不确定度、准确度、检出限、选择性、线性、重复性、复现性、稳健度和交互灵敏度。

4．设备和标准物质

（1）总的要求：正确配备检测需要的所有抽样，测量和检测设备及标准物质，在使用前应进行校准并周期进行。

（2）校准或检测所用的设备标识：包括编号和校准状态标识（绿合格，黄准用，红停用）。

（3）建立设备档案：包括设备采购申请，设备验收单，合格证，说明书，检定证书，使用记录，校准记录，期间核查记录，定期维护记录，维修记录，报废记录等。

（4）仪器设备应进行期间核查和周期检定。

期间核查：仪器设备在两次校准之间对其稳定性或保持校准状态进行的一种核查，目的和作用在于防止仪器设备出现量值失准以及可以缩短失准后的追溯时间。

周期检定：是根据检定规程或实验室自己的要求实施的定点、定时间、定方法的一种例行检查，目的在于给仪器设备赋值或验证仪器设备的量值准确性。

5．测量溯源性

（1）实验室的测量量值应当进行溯源。

（2）所谓溯源性就是通过一条具有规定不确定度的不间断的比较链，使测量结果或计量标准的值能够与规定的参考标准[通常是国家计量基（标）准或国际计量基（标）准]联系起来的特性。

（3）实验室应按照国家相关技术规范或者标准对仪器设备进行检定/校准。

（4）实验室应使用有证标准物质，没有有证标准物质时，实验室应确保量值的准确性。

6. 抽样和样品处置

（1）应有程序文件，包含检测物品的运输、接收、处置、保护、存储、保留和清理过程。

（2）实验室应有与抽样有关的记录，包括抽样程序、抽样人的识别、环境条件（如果相关），必要时有抽样位置的图示。

（3）接收时对其状态进行确认并记录异常情况。

（4）检测样品要有唯一性标识及检验状态标识。

样品的唯一性标识：保证样品在任何时候都不会发生混淆的识别措施。样品的唯一性标识通常用代码或数字组成。样品的状态标识通常用颜色或显著的标志标识。

（5）应维持、监控、记录样品的存储条件。

7. 结果质量控制

（1）实验室应有质量控制程序和计划。

（2）为监控检测和校准的有效性可进行以下内容：

a. 定期使用有证标准物质（参考物质）进行监控，开展内部质量控制。

b. 参加实验室间的比对或能力验证计划。

c. 使用相同或不同方法进行重复检测或校准。

d. 对存留物品进行再检测或再校准。

e. 分析一个物品不同特性结果的相关性。

8. 结果报告

对于实验室完成的每一项或每一系列校准或检测结果，均应按照校准或检测方法中的规定，准确、清晰、明确、客观地出具证书或报告。报告应使用法定计量单位，包括国际单位制和国家选定的其他计量单位。应至少包括下列信息：

（1）标题。

（2）实验室的名称和地址，进行检测和（或）校准的地点（如果与实验室的地址不同）。

（3）检测报告或校准证书的唯一性标识（如系列号）和每一页上的标识。

（4）客户的名称和地址。

（5）所用方法的识别。

（6）检测或校准物品的描述、状态和明确的标识。

（7）对结果的有效性和至关重要的检测或校准物品的接收日期以及进行检测或校准的日期。

（8）如与结果的有效性或应用相关时，应有实验室或其他机构所用抽样计划和程序的说明。

（9）检测和校准的结果，适用时，注明测量单位。

（10）检测报告或校准证书批准人的姓名、职务、签字或等效的标识。

（11）检测结果仅与被检测或被校准的物品有关的声明。

注意：

（1）检测报告和校准证书的硬拷贝应当有页码和总页数。

（2）建议实验室作出未经实验室书面批准，不得复制（全文复制除外）检测报告或校准证书的声明。

第二节　室内环境检测实验室 CMA 认证方案

一、室内空气质量检测机构开展计量认证的规定

国家质检总局、卫生部、国家环境总局发布的《室内空气质量标准》（GB/T 18883—2002）于 2003 年 3 月 1 日实施。室内空气污染不仅影响人们的工作和生活，而且直接威胁人们的身体健康。随着生活水平的不断提高，人们对室内空气质量的要求也越来越高。

为了配合有关部门做好标准实施工作，使有条件的检测机构能正确理解标准，配备合适的检测设备和检测人员，提高检测水平，准确开展室内空气质量检测工作，经研究，国家认监委决定对从事室内空气质量检测的机构实行计量认证。由于《室内空气质量标准》（GB/T 18883—2002）规定的控制项目包括物理、化学、生物和放射性四个方面共 19 项指标，很多检测机构没有从事这方面检测的经验，有的不具备条件，因此，在对检测机构进行计量认证时，要严格把关，防止不具备条件的检测机构进入室内空气质量检测市场。

各省、自治区、直辖市质量技术监督局，各有关国家计量认证行业评审组，中国实验室国家认可委员会秘书处要各负其责，做好室内空气质量检测机构的计量认证评价工作，并将经计量认证评价，符合要求的检测机构报送认监委实验室与检测监管部，经审核后，由认监委统一向社会公布。

二、对室内空气质量检测机构开展计量认证的具体要求

为规范室内空气检测市场，国家认监委发出了《关于对室内空气质量检测机构开展计量认证的通知》（国认实[2003]14 号），通知明确规定，从事室内空气检测的机构应通过计量认证，并由国家认监委统一向社会进行公布。

（一）室内空气质量检测机构初次申请计量认证

对于过去没有计量认证资格的社会各界投资兴办的从事室内空气检测业务的机

构，原则上应首先完成工商注册，成为独立法人，通过省级质量技术监督局的计量认证考核合格后方可正式对社会开展检测业务。

一些属于国家有关部委（国家局）管理的科研教育机构中没有计量认证资格的实验室，暂不能完成独立法人注册的，在获得有关部委（国家局）命名的情况下，由有关部委（国家局）向国家认监委提出申请，国家认监委根据实际情况，酌情处理。地方科研教育机构中的类似情况，由各省级质量技术监督局根据上述原则酌情处理。

（二）已通过计量认证的实验室申请室内空气质量检测项目扩项

已通过计量认证的实验室，可申请室内空气质量检测项目的扩项。属于国家计量认证合格的实验室，由国家认监委按规定办理。属于省级计量认证合格的实验室，向当地省级质量技术监督局申请办理扩项。具体要求见第三条规定。

（三）对从事室内空气检测机构申请计量认证（扩项）的具体要求

从事室内空气检测的实验室，除了应满足原国家质量技术监督局发布的有关计量认证考核的评审准则的相关要求外，还应当具备以下条件：

新进入这一领域开展检测服务的实验室，应具有独立法人资格，实验室检测仪器设备和技术人员应满足所申请检测项目的需要。具体包括：

1．实验室

（1）具有与所从事的检测项目相符合的实验室。实验室分为物理测试实验室、化学实验室（无机分析实验室、有机分析实验室）、微生物实验室、放射性实验室。

（2）实验室的设施和环境条件必须保证检测工作正常运行，并确保检测结果的有效性和准确性。

2．仪器设备

申请从事室内空气质量检测的实验室的仪器设备应满足所申请检测项目的要求。分为：

（1）采样设备：包括气体污染物采样泵、气泡吸收管、多孔玻板吸收管、颗粒物采样器、滤膜、流量计、撞击式空气微生物采样器。

（2）现场测试仪器：包括温度计、湿度计、风速计、便携式一氧化碳分析仪、便携式二氧化碳分析仪。

（3）实验室分析仪器和设备：包括分析天平、分光光度计、气相色谱仪、液相色谱仪、热解吸/气相色谱/质谱联用仪、高压蒸汽灭菌器、干热灭菌器、恒温培养箱、冰箱、氡分析仪。

3．人员

（1）申请检测机构应有与检测项目相适应的管理、技术和质量控制人员。

（2）有关管理和检测人员应熟悉相关法规文件、标准、方法以及本单位质量手册的有关规定。

（3）检测人员的专业应与申请的检测项目相符合，检测人员应具有中级以上专业技术职称或大专以上学历并具有两年以上专业经验。检测人员应经过国家认监委或国家环保总局、卫生部、建设部以及省级以上质量技术监督部门等组织或授权组织的专业技术培训后方可上岗。

（4）技术负责人应精通本专业业务，具备副高级以上技术职称，并有 5 年以上专业经验。

（5）具有中级以上技术职称的人数应不少于检测机构总人数的 50%。

4．采样

采样前所有采样仪器需进行流量校正。选择的采样点要有代表性，要合理，比如居室应选择卧室或停留时间长的房间。现场实验记录要完整。

检测方法采用《室内空气质量标准》（GB/T 18883—2002）中规定的方法。实验室要制定相应的操作规程和数据处理方法。执行《民用建筑工程室内环境污染控制规范》（GB 50325—2001）标准的，按该标准有关规定执行。

申请按照 GB 50325 标准和（或）GB/T 18883 标准进行计量认证扩项的实验室，其原业务范围应与室内空气质量检测涉及的物理因素测试、化学污染物采样和测试、微生物采样和测试、放射性测量业务相关，有关仪器设备和人员的要求同前款规定。实验室原业务与室内空气检测业务完全不相关的，不允许以原来获得计量认证的实验室名义进行扩项，实验室（或其法人单位）可以投资兴建独立的室内空气检测机构，按规定办理计量认证。

以室内空气质量专门检测机构名义从事室内空气质量检测的机构应具有《室内空气质量标准》（GB/T 18883—2002）全部 19 项指标的检测能力，按照该标准的有关要求对社会开展室内空气质量检测服务。环保、卫生、质检系统的综合性实验室可以根据实验室的具体情况，按照相关检测项目（参数）进行计量认证（扩项）。国家计量认证环保评审组、卫生评审组具体负责本系统副省级以上省市相关实验室的计量认证（扩项）评审工作。

对民用建筑新工程验收考核时进行室内环境污染检测的机构，建设部门应查验该机构是否按照《民用建筑工程室内环境污染控制规范》（GB 50325—2001）进行了计量认证（扩项），没有进行计量认证（扩项）的机构，不具有进行民用建筑工程验收中的室内空气检测资格，建设部门使用未经计量认证的机构，进行民用建筑工程室内空气检测的，质量技术监督部门可依法进行查处。

（四）公布室内空气检测机构

（1）通过计量认证（扩项）的室内空气检测机构由国家认监委统一向社会公布，公布内容包括检测机构具体能够检测的参数和检测机构的规模、法人性质等情况，以供消费者择优选取。

（2）各省级质量技术监督局、各有关国家计量认证行业评审组在向国家认监委报送室内空气检测机构名单时应填写《室内空气检测机构基本信息一览表》，一并报送。

（3）各省级质量技术监督局和卫生部、国家环保总局、建设部等部门可以在相关网站和媒体上发布本地区、本系统经过计量认证考核合格、经过国家认监委批准的室内空气质量检测机构的信息。

三、室内环境检测实验室 CMA 认证方案

（一）按实验室资质认定评审准则的相关要求建立质量管理体系

实验室建立管理体系是为了实施质量管理，并使其实现和达到质量方针和质量目标，以最好、最实际的方式来指导实验室和检验机构的工作人员、设备及信息的协调活动，从而保证客户对质量满意和降低成本。管理体系的建立方法见图 1-1。

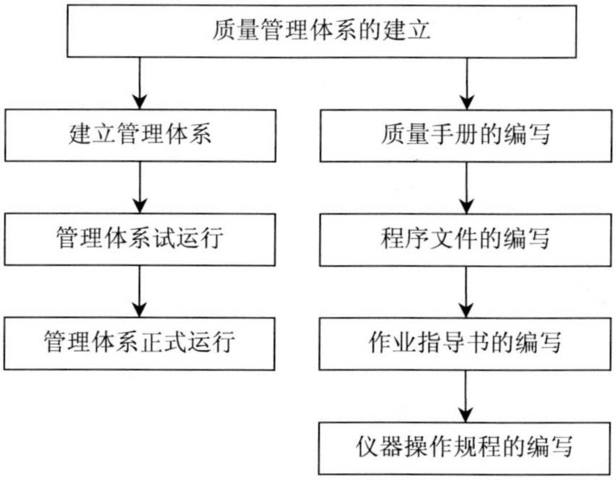

图 1-1　建立质量管理体系流程

1．建立管理体系

（1）领导的认识

（2）宣传培训、全员参与

（3）组织落实、拟订计划

（4）确定质量方针和质量目标

（5）分析现状，确定过程和要素

（6）确定机构，分配职责，配备资源

2．管理体系试运行

管理体系文件编制完成后，管理体系进入试运行阶段。其目的是通过试运行，考验管理体系文件的协调性。并对暴露出的问题采取改进措施和纠正措施，以达到进一步完善管理体系文件的目的。

试运行的工作步骤与要求如下：

（1）编制试运行计划

（2）文件批准发放

（3）宣传培训

（4）记录文件、表格准备

（5）试运行开始

（6）体系文件修改、补充、完善

3．管理体系正式运行

管理体系正式运行是执行管理体系文件、贯彻质量方针、实现质量目标、保持管理体系持续有效和不断完善的过程。

管理体系运行中的要求：

（1）领导重视

（2）全员参与

（3）建立监督机制，保证工作质量

（4）认真开展审核活动，促进管理体系不断完善

（5）加强纠正措施的落实，改善管理体系运行水平

（6）适应市场，不断壮大，提高能力

4．质量手册的编写

质量手册是检测机构根据规定的质量方针、质量目标，描述与之相适应的管理体系的基本文件，提出了对过程和活动的管理要求。

编制质量手册的工作步骤：

（1）成立组织

（2）明确和指定质量方针

（3）学习评审准则

（4）确定格式和结构

（5）收集涉及管理体系的资料

（6）落实质量职能

（7）编写质量手册草案

（8）批准、发布质量手册

5. 程序文件的编写

管理体系文件中的程序文件是规定实验室质量活动方法和要求的文件，是质量手册的支持性文件。管理体系选定的每个要素或一组相关的要素一般都应该形成书面程序。

程序文件的结构设计及编写方法：

（1）结构设计：列出每个程序中涉及的活动对应的要素要求；按活动的逻辑顺序展开；将实验室的具体活动方法进行分析，并写入相应的结构内容中。

（2）编写方法：根据上述类似的程序文件结构的流程图进行展开；流程图中的内容作为文件主要考虑的大构架即大条款；根据上述的构架增加具体的内容细则即结构内容，将结构内容作为大条款中的分条款；结构内容中主要描述谁实施这些工作，实施的步骤及实施后应留下的记录等；程序文件包括为某项活动制定的专门工作制度。

6. 作业指导书的编写

作业指导书是规定实验室质量活动的途径的操作性文件，其针对的对象是具体的作业活动；程序文件描述的对象是某项系统性的质量活动，作业指导书是程序文件的细化。作业指导书也属于程序文件范畴，只是层次较低，内容更具体。

作业指导书的内容：

（1）什么时间使用该作业指导书。

（2）在哪里使用该作业指导书。

（3）什么样的人使用该作业指导书。

（4）此项作业的名称及内容是什么。

（5）此项作业的目的是什么。

（6）如何按步骤完成作业。

7. 仪器操作规程的编写

设备操作规程是操作人员正确掌握操作技能的技术性规范。设备操作规程的内容是根据设备的结构运行特点，以及安全运行等要求，对操作人员在全部操作过程中必须遵守的事项、程序及动作等作出规定。设备操作规程的内容包括操作前现场清理及设备状态检查要求，设备运行工艺参数要求，操作程序要求，点检、维护、润滑要求等。操作人员认真执行设备操作规程，可保证设备正常运转，减少故障，防止事故发生。

（二）确定申请项目及检测能力

按照《关于对室内空气质量检测机构开展计量认证的通知》的规定，申请室内环境检测 CMA 认证必须满足《室内空气质量标准》（GB/T 18883—2002）的要求，具备对规定的控制项目，包括物理、化学、生物和放射性四个方面共 19 项指标的检测能力，具体检验方法和所需仪器见表 1-1。

表 1-1　申请计量认证/审查认可（验收）项目

序号	参数类别	参数	检验方法	检验仪器	来源
1	物理性	温度	（1）玻璃液体温度计法 （2）数显式温度计法	（1）玻璃液体温度计、悬挂温度计支架 （2）数显式温度计	GB/T 18204.13
2		相对湿度	（1）通风干湿表法 （2）毛发湿度表法 （3）氯化锂湿度计法	（1）机械通风干湿表、电动通风干湿表 （2）毛发湿度表 （3）氯化锂露点湿度计	GB/T 18204.14
3		空气流速	（1）热球式风速计法 （2）数字风速表法	（1）表式热球电风速计或数显式热球电风速计 （2）数字风速表	GB/T 18204.15
4		新风量	示踪气体浓度衰减法	袖珍或轻便型气体浓度测定仪、尺、摇摆电扇、示踪气体	GB/T 18204.18
5	化学性	二氧化硫（SO_2）	甲醛溶液吸收-盐酸副玫瑰苯胺分光光度法	吸收管、空气采样器、具塞比色管、分光光度计、恒温水浴、可调定量加液器	GB/T 16128 GB/T 15262
6		二氧化氮（NO_2）	改进的 Saltzaman 法	分光光度计、吸收管、空气采样器、渗透管配气装置	GB/T 12372 GB/T 15435
7		一氧化碳（CO）	（1）非分散红外法 （2）①不分光红外气体分析法；②气相色谱法；③汞置换法	（1）一氧化碳红外分析仪、记录仪、流量计、采气袋、止水夹、双联球、氮气、一氧化碳标定气 （2）①一氧化碳不分光红外线气体分析仪、记录仪、聚乙烯薄膜采气袋；②配备氢火焰离子化检测器的气相色谱仪、转化炉、注射器、塑料铝箔复合膜采样袋、填充柱色谱柱、转化柱；③一氧化碳测定仪、聚乙烯塑料袋	（1）GB/T 9801 （2）GB/T 18204.23

序号	参数类别	参数	检验方法	检验仪器	来源
8	化学性	二氧化碳（CO_2）	（1）不分光红外线气体分析法 （2）气相色谱法 （3）容量滴定法	（1）二氧化碳不分光红外气体分析仪、记录仪、塑料铝箔复合膜采气袋 （2）配备有热导检测器的气相色谱仪、注射器、塑料铝箔复合膜采样袋、填充柱色谱柱 （3）恒流采样器、吸收管、酸式滴定管、碘量瓶	GB/T 18204.24
9		氨（NH_3）	（1）靛酚蓝分光光度法 （2）纳氏试剂分光光度法 （3）离子选择电极法 （4）次氯酸钠-水杨酸分光光度法	（1）大型气泡吸收管、空气采样器、具塞比色管、分光光度计 （2）气体采样装置、大型玻板吸收瓶或大气冲击式吸收瓶、具塞比色管、分光光度计、玻璃容器（经校正的容量瓶、移液管、聚四氟乙烯管或玻璃管） （3）氨敏感膜电极、pH毫伏计、磁力搅拌器、大气采样器 （4）空气采样泵、大型气泡吸收管、具磨塞比色管、分光光度计、双球玻管	（1）GB/T 18204.25 （2）GB/T 14668 （3）GB/T 14669 （4）GB/T 14679
10		臭氧（O_3）	（1）紫外光度法 （2）靛蓝二磺酸钠分光光度法	（1）紫外臭氧分析仪、一级紫外臭氧校准仪、臭氧发生器、输出多支管 （2）①多孔玻板吸收管、空气采样器、具塞比色管、恒温水浴、水银温度计、分光光度计；②采样探头、多孔玻板吸收管、空气采样器、分光光度计、臭氧发生器、恒温水浴、水银温度计、紫外吸收式臭氧测定仪	（1）GB/T 15438 （2） ①GB/T 18204.27 ②GB/T 15437
11		甲醛（HCHO）	（1）AHMT 分光光度法 （2）①酚试剂分光光度法；②气相色谱法 （3）乙酰丙酮分光光度法	（1）气泡吸收管、空气采样器、10 mL具塞比色管、分光光度计 （2）①大型气泡吸收管、恒流采样器、具塞比色管、分光光度计；②采样管、空气采样器、具塞比色管、微量注射器、配备氢火焰离子化检测器的气相色谱仪、色谱柱 （3）采样器、皂膜流量器、多孔玻板吸收管、具塞比色管、分光光度计、标准皮托管、倾斜式微压计、采样引气管、空盒气压表、水银温度计、pH酸度计、水浴锅	（1）GB/T 16129 （2）GB/T 18204.26 （3）GB/T 15516

序号	参数类别	参数	检验方法	检验仪器	来源
12	化学性	苯（C_6H_6）	毛细管气相色谱法	活性炭采样管、空气采样器、注射器、微量注射器、具塞刻度试管、配备氢火焰离子化检测器的气相色谱仪、色谱柱	GB/T 18883 附录 B GB 11737
13		甲苯（C_7H_8）	卫生检验标准方法气相色谱法	活性炭采样管、空气采样器、注射器、微量注射器、热解吸装置、具塞刻度试管、配备氢火焰离子化检测器的气相色谱仪、色谱柱	GB 11737 GB/T 14677
14		二甲苯（C_8H_{10}）			
15		苯并[a]芘 [B（a）P]	高效液相色谱法	超声波发生器、采样器、离心机、具塞刻度离心管、配备紫外检测器的高效液相色谱仪、色谱柱	GB/T 15439
16		可吸入微粒（PM_{10}）	撞击式称重法	可吸入颗粒物采样器、天平、皂膜流量计、秒表、玻璃纤维滤纸、干燥器、镊子	GB/T 17095
17		总挥发性有机化合物（TVOC）	热解吸/毛细管气相色谱法	吸附管、注射器、采样泵、配备氢火焰离子化检测器的气相色谱仪、非极性石英毛细管柱、热解吸仪、液体外标法制备标准系列的注射装置	GB/T 18883 附录 C
18	生物性	菌落总数	撞击法	高压蒸汽灭菌器、干热灭菌器、恒温培养箱、冰箱、平皿、量筒、三角烧杯、pH 计或精密 pH 试纸、撞击式空气微生物采样器	GB/T 18883 附录 D
19	放射性	氡（^{222}Rn）	（1）闪烁瓶测量法 （2）①径迹蚀刻法；②活性炭盒法；③双滤膜法	（1）闪烁瓶、光电倍增管、前置单元电路、高压电源、电子学分析记录单元 （2）①探测器（聚碳酸酯膜、CR-39）、采样盒（塑料制）、蚀刻盒（塑料制）、音频高压振荡电源、恒温器、切片机、测厚仪、计时钟、注射器、烧杯、平头镊子、滤膜；②活性炭、采样盒、烘箱、天平、γ谱仪，或 NaI（T1）或半导体探头配多道脉冲分析器、滤膜；③衰变筒、流量计、抽气泵、α 测量仪、子体过滤器、采样夹、秒表、纤维滤膜、α 参考源、镊子	（1）GB/T 16147 （2）GB/T 14582

（三）资质认定前的准备

1．内部审核步骤

（1）内审的策划与准备

（2）内审的实施

（3）编写内审报告

（4）跟踪审核验证

（5）内审的总结

2．管理体系管理评审步骤

（1）策划与准备

（2）实施评审

（3）编写评审报告

（4）监督与确认

3．仪器（设备）的计量检定与校准内容

（1）编制仪器设备一览表

（2）仪器的计量检定、校准及验证

（3）计量仪器的标识化管理

（4）装置、设施的标识化管理

（5）编制仪器检定周期表

（6）仪器设备的期间核查

4．档案整理内容

（1）建立与完善仪器设备档案

（2）检测报告及相关记录的归档整理

（3）建立技术人员业绩档案

（4）现行有效的标准、规范、规程等技术文件、资料的整理

5．整顿实验室环境

（1）实验室合理布局

（2）实验室设备清理

（3）明确被评审的区域和路线

（4）安全环保管理检查

（5）化学试剂、药品的管理

（四）提出申请

向省或国家计量认证办公室提交计量认证申请资料，包括质量手册、程序文件等。

第三节　室内环境检测实验室 CMA 认证的程序和阶段

一、计量认证程序

对检测机构的计量认证是严格按照省或国家计量认证工作程序规定进行的。大致可以分为以下几个步骤：

（1）向省或国家计量认证办公室提交计量认证申请资料（包括质量手册、程序文件等）。

（2）省或国家计量认证办公室对申请资料进行书面审查。

（3）通过书面审查，依据计量认证的评审准则，由省或国家计量认证办安排委托技术评审组进行现场核查性评审。

（4）通过现场评审，符合准则要求的检测机构，由省或国家质量技术监督局核发计量认证证书、计量认证机构印章，并上互联网公布。

二、计量认证的几个阶段

（1）申请阶段，质检机构提出申请并提交有关材料。

（2）初查阶段（必要时进行），按规范要求帮助质检机构建立健全质量体系，并使之正常运行。

（3）预审阶段（必要时进行），按规范要求进行模拟评审，查找不符合项并要求整改。

（4）正式评审，主管部门组成评审组对申请认证的机构进行评审。

（5）上报、审核、发证阶段，对考核合格的产品质检机构由有关人民政府计量行政主管部门审查、批准、颁发计量认证合格证，并同意其使用统一的计量认证标志。不合格的发给考核评审结果通知书。

（6）复查阶段，质检机构每五年要进行到期复查，各机构应提前半年向原发证部门提出申请，申请时上交的材料项目须与第一次申请认证时相同。

（7）监督抽查阶段，计量行政主管部门对已取得计量认证合格证书的单位，在五年有效期内可安排监督抽查，以促进质检机构的建设和质量体系的有效运行。

复习与思考题

如果你要成立一家室内环境检测公司，并拟申请 CMA 认证，你需要做哪些工作？

第二章 室内空气中氨的测定

室内空气中的氨主要来源于混凝土防冻剂。北方冬季施工中，为了提高混凝土的强度，在混凝土中加入了含有尿素的防冻剂，房屋建成后，混凝土中的大量氨气释放出来。室内空气中的氨也来源于生物性废物，如粪便、尿、人呼出的气体和汗液等。理发店使用的烫发水中也含有氨，在使用过程中挥发出来，污染室内空气。氨对人体的危害主要是对呼吸道、眼黏膜及皮肤有损害，出现流泪、头痛、头晕等症状。

室内空气中氨的测定方法有：靛酚蓝分光光度法（GB/T 18204.25）、纳氏试剂分光光度法（GB/T 14668—1993）、次氯酸钠-水杨酸分光光度法（GB/T 14679—1993）、离子选择电极法（GB/T 14669—1993）。靛酚蓝分光光度法灵敏度高，选择性好，成色稳定，干扰小，但对试剂要求严格，蒸馏水和试剂本底值增高是影响测定值的主要误差来源；纳氏试剂分光光度法操作简便，但成色不稳定，易受醛类及硫化物干扰，且测定过程中使用的纳氏试剂含有大量的汞盐，毒性较强，容易造成二次污染；次氯酸钠-水杨酸分光光度法较灵敏，选择性好，但操作较复杂；离子选择电极法具有准确、简便、测定范围宽等优点，但分析样品时间长。

本章的实训项目 1 是靛酚蓝分光光度法测定室内空气中的氨，根据国家标准《公共场所空气中氨测定方法　环境质量检测方法标准》（GB/T 18204.25—2000）进行设计。

国家标准《室内空气质量标准》（GB/T 18883—2002）规定，室内空气中氨的限值为 0.20 mg/m^3。推荐的方法为靛酚蓝分光光度法和纳氏试剂分光光度法。

实训项目 1　靛酚蓝分光光度法测定室内空气中的氨

一、目的

理解靛酚蓝分光光度法测定室内空气中氨的原理，掌握室内空气中氨的测定方法，学会使用空气采样器和分光光度计。

二、原理

空气中氨吸收在稀硫酸中，在亚硝基铁氰化钠及次氯酸钠存在下，与水杨酸生成蓝绿色靛酚蓝染料，根据着色深浅，比色定量。

三、测定范围

测定范围为 10 mL 样品溶液中含 0.5～10 μg 氨。按照本方法规定的条件采样 10 min，样品可测浓度范围为 0.01～2 mg/m^3。

四、仪器及设备

（1）空气采样器：流量范围 0～2 L/min，流量稳定。使用前后，用皂膜流量计校准采样系统的流量，误差小于±5%。

（2）气泡吸收管：10 mL，出气口内径 1 mm，与管底距离 3～5 mm。

（3）具塞比色管：10 mL。

（4）分光光度计：可测波长为 697.5nm，狭缝小于 20nm。

（5）玻璃容器：经校正的容量瓶、移液管。

五、试剂和材料

（1）无氨水：于普通蒸馏水中，加入少量的高锰酸钾至浅紫红色，再加入少量氢氧化钠至呈碱性。蒸馏，取其中间蒸馏部分的水，加少量硫酸溶液呈微酸性，再蒸馏一次，得到无氨水。

（2）吸收液[$c(H_2SO_4)$= 0.005 mol/L]：量取 2.8 mL 浓硫酸加入水中，用水稀释至 1 000 mL。临用时再稀释 10 倍。

（3）水杨酸溶液（50 g/L）：称取 10.0 g 水杨酸[$C_6H_4(OH)COOH$]和 10.0 g 柠檬酸钠（$Na_3C_6H_5O_7 \cdot 2H_2O$），加水约 50 mL，再加 55 mL 氢氧化钠[$c(NaOH)$=2 mol/L]，用水稀释至 200 mL。此试剂稍有黄色，室温可稳定 1 个月。

（4）亚硝基铁氰化钠溶液（10 g/L）：称取 1.0 g 亚硝基铁氰化钠[$Na_2Fe(CN)_5 \cdot NO \cdot 2H_2O$]溶于 100 mL 水中，储于冰箱中可稳定 1 个月。

（5）次氯酸钠试剂原液：次氯酸钠试剂，有效氯不低于 5.2%。

取 1 mL 次氯酸钠试剂原液，用碘量法标定其浓度。

标定方法：称取 2 g 碘化钾于 250 mL 碘量瓶中，加水 50 mL 溶解。再加 1.00 mL 次氯酸钠试剂，加 0.5 mL（1+1）盐酸溶液，摇匀，暗处放置 3 min。用 0.100 0 mol/L 硫代硫酸钠标准溶液滴定至浅黄色，加入 1 mL 新配制的 5 g/L 淀粉溶液，继续滴定至蓝色刚好褪去为终点。记录滴定所用硫代硫酸钠标准溶液的体积，平行滴定两次，消耗硫代硫酸钠标准溶液体积之差不应大于 0.05 mL，取其平均值。已知硫代硫酸钠标准溶液的浓度，则次氯酸钠标准溶液浓度按下式计算。

$$c(\mathrm{NaClO})=\frac{c(\mathrm{Na_2S_2O_3})\ V}{1.00\times 2}$$

式中：$c(\mathrm{NaClO})$ —— 次氯酸钠试剂原液浓度，mol/L；

V —— 滴定时所消耗硫代硫酸钠标准溶液的体积，mL；

$c(\mathrm{Na_2S_2O_3})$ —— 硫代硫酸钠标准溶液的浓度，mol/L。

（6）次氯酸钠使用液[$c(\mathrm{NaClO})$=0.05 mol/L]：用 2 mol/L NaOH 溶液稀释标定好的次氯酸钠试剂原液为 0.05 mol/L 的使用和操作液，存于冰箱中可保存 2 个月。

（7）氨标准溶液。

① 标准储备液：准确称取 0.314 2 g 经 105℃干燥 2 h 的氯化铵（NH_4Cl）。用少量水溶解，移入 100 mL 容量瓶中，用吸收液稀释至刻度。此液 1.00 mL 含 1.00 mg 的氨。

② 标准工作液：临用时，将标准储备液用吸收液稀释成 1.00 mL 含 1.00 μg 氨的标准工作液。

六、采样和样品保存

1．采样

用一个内装 10 mL 吸收液的气泡吸收管，以 0.5 L/min 的流量，采气 5 L，及时记录采样时的温度和大气压力。采样后，样品在室温下保存，于 24 h 内分析。填写室内空气采样记录表。

2．样品保存

采集好的样品，应尽快分析。必要时于 2～5℃下冷藏，可储存 1 周。

七、分析步骤

1．标准曲线的绘制

取 10 mL 具塞比色管 7 支，按照表 2-1 制备标准系列。

表 2-1　氨标准系列

管号	0	1	2	3	4	5	6
标准工作液/mL	0.00	0.50	1.00	3.00	5.00	7.00	10.00
吸收液/mL	10.00	9.50	9.00	7.00	5.00	3.00	0.00
氨含量/μg	0.00	0.50	1.00	3.00	5.00	7.00	10.00

向以上各管分别加入 0.50 mL 水杨酸溶液，混匀；再加入 0.10 mL 亚硝基铁氰化钠溶液和 0.1 mL 次氯酸钠使用液，混匀，室温下放置 60 min 后，在波长 697.5 nm

下，用 10 mm 比色皿，以蒸馏水作参比，测定各管的吸光度。以氨含量（μg）为横坐标，吸光度为纵坐标，绘制标准曲线，计算回归曲线的斜率，以斜率的倒数为样品测定的计算因子 B_s（μg/吸光度）。标准曲线的斜率应为（0.081±0.003）吸光度/μg 氨。

2．样品的测定

将样品溶液转入具塞比色管中，吸收液定容到 10 mL。以下步骤同标准曲线的绘制。在样品测定的同时，应用 10 mL 未采样的吸收液进行试剂空白测定。如果样品溶液的吸光度超过标准曲线的范围，则取部分样品溶液，用吸收液稀释后再显色分析。计算样品溶液浓度时，要考虑样品溶液的稀释倍数。

八、结果计算

1．将采样体积换算成标准状况下的采样体积

$$V_0 = V \times \frac{T_0}{T} \times \frac{P}{P_0}$$

式中：V_0—— 换算成标准状况下的采样体积，L；

V—— 采样体积，L；

T_0—— 标准状况的绝对温度，273 K；

T—— 采样时采样点现场的温度（t）与标准状况的绝对温度之和，（$t+273$）K；

P_0—— 标准状况下的大气压力，101.3 kPa；

P—— 采样时采样点的大气压力，kPa。

2．空气中氨浓度用下式计算

$$c = \frac{(A - A_0)B_s \quad D}{V_0}$$

式中：c—— 试样中的氨含量，mg/m^3；

A—— 样品溶液吸光度；

A_0—— 试剂空白液吸光度；

B_s—— 计算因子，μg/吸光度；

V_0—— 标准状况下的采样体积，L；

D—— 分析时样品溶液的稀释倍数。

九、注意事项

（1）样品中含有三价铁等金属离子、硫化物和有机物时，干扰测定。干扰消除方法如下：

①除金属离子：加入柠檬酸钠溶液可消除常见离子的干扰。

②除硫化物：若样品因产生异色而引起干扰（如硫化物存在时为绿色）时，可

在样品溶液中加入稀盐酸而去除干扰。

③ 除有机物：有些有机物（如甲醛），生成沉淀干扰测定，可在比色前用 0.1 mol/L 的盐酸溶液将吸收液酸化到 pH≤2 后，煮沸即可除去。

（2）经吸收液选择实验，0.005 mol/L H_2SO_4 溶液吸收效率可达 100%。

（3）本方法所测氨为氨与铵盐的总量。

附实训表 1-1　大气采样器流量校准记录表

大气采样器型号：　　　　皂膜流量计型号：

校准时大气压力：　　　　水的饱和蒸汽压：　　　　室温：

计算公式：Q_s（mL/min）$=\frac{V_s}{\tau}\times 60$

转子流量计读数/（L/min）	皂膜通过两刻度线的时间/s				皂膜流量计体积 V_m/mL	标准状况下的空气体积 V_s/mL	流量 Q_s/（mL/min）
	1	2	3	平均时间 $\bar{\tau}$ /s			

填表人：　　　　校核人：　　　　审核人：

附实训表 1-2　室内空气采样记录表

污染物名称：　　　　采样依据：　　　　采样器型号：

计算公式：$V_0=V\times\frac{273}{273+t}\times\frac{P}{101.3}$　　　　采样日期：

采样位置	项目	样品编号	采样器编号	封闭时间/h	采样流量/（L/min）	采样起始时间	采样结束时间	累计采样时间/min	采样体积 V/L	采样时的环境条件			标况下的采样体积 V_0/L	备注
										温度 t/℃	湿度/%	大气压力 P/kPa		

填表人：　　　　校核人：　　　　审核人：

附实训表 1-3　次氯酸钠试剂原液浓度的标定

计算公式：$c(\text{NaClO})=\dfrac{c(\text{Na}_2\text{S}_2\text{O}_3)\ \ V}{1.00\times 2}$　　　　标定日期：

$Na_2S_2O_3$ 标准溶液体积 / 测定次数	V/mL	平均值/mL
1		
2		

填表人：　　　　　　校核人：　　　　　　审核人：

附实训表 1-4　靛酚蓝分光光度法测定室内空气中氨的标准曲线记录表

标准曲线名称：　　　　　　标准溶液来源：

适用项目：　　　　　　方法依据：　　　　　　曲线编号：

测定波长：　　　　　　参比溶液：　　　　　　比色皿厚度：

仪器型号：　　　　　　仪器编号：　　　　　　绘制日期：

管号	0	1	2	3	4	5	6
标准工作液/mL	0.00	0.50	1.00	3.00	5.00	7.00	10.00
吸收液/mL	10.00	9.50	9.00	7.00	5.00	3.00	0.00
氨含量/μg	0.00	0.50	1.00	3.00	5.00	7.00	10.00
吸光度 A							
标准曲线	以氨含量为横坐标，吸光度为纵坐标，绘制标准曲线						
线性回归方程	$y=a+bx$		$r=$		计算因子 $B_s=$		

填表人：　　　　　　校核人：　　　　　　审核人：

附实训表 1-5 靛酚蓝分光光度法测定室内空气中氨的数据记录表

样品名称： 方法依据： 采样日期：
仪器型号： 仪器编号： 分析日期：
测定波长： 参比溶液： 比色皿厚度：

计算公式：$c=\frac{(A-A_0)B_s \quad D}{V_0}$

样品测定次数	1	2	3	平均值
样品吸光度 A				
空白吸光度 A_0				
$A-A_0$				
样品的浓度/（mg/m^3）				

填表人： 校核人： 审核人：

附实训表 1-6 靛酚蓝分光光度法测定室内空气中氨的技能考核标准

序号	内容	操作	评分	
			分值	得分
1	仪器准备	1．玻璃仪器的洗涤	3	
2		2．比色皿的清洗	3	
3		3．分光光度计的预热	3	
4		4．气泡吸收管	3	
5		5．空气采样器	3	
6	试剂和材料的准备	1．无氨水的制备	5	
7		2．吸收液[$c(H_2SO_4)$= 0.005 mol/L]的配制	3	
8		3．水杨酸溶液（50 g/L）的配制	3	
9		4．亚硝基铁氰化钠溶液（10 g/L）的配制	3	
10		5．次氯酸钠试剂原液的标定：滴定管检漏，用操作液润洗，装液，初调读数，无气泡，不漏水，滴定操作正确（持滴定管手法规范、连续滴定、锥形瓶位置适中、溶液呈圆周运动），终点判断正确，读数正确，及时记录。平行滴定两次，所用硫代硫酸钠溶液体积相差不能超过 0.05 mL，否则应重新标定	8	
11		6．次氯酸钠使用液[c(NaClO)=0.05 mol/L]的配制	3	
12		7．氨标准储备液的配制：天平称量操作正确，熟练掌握减量法称量；溶液配制操作正确，溶解、搅拌，定量转移溶液入容量瓶(冲洗烧杯、玻璃棒 3 次以上，不溅失)，稀释至标线，摇匀	5	
13		8．氨标准工作液的配制：吸量管润洗，放出溶液时吸量管垂直，容量瓶倾斜约 30°，管尖抵容量瓶内壁，溶液自然流下，溶液放尽后，吸量管停留 15 s 后移开，移取溶液，用无氨水稀释至容量瓶 2/3～3/4 体积时平摇，逐滴加入无氨水稀释至刻度，摇匀	5	

序号	内容	操作	评分 分值	评分 得分
14	采样	1．布点	3	
15		2．大气采样器的使用和操作	4	
16		3．采样流量控制	3	
17		4．采样环境记录	3	
18	绘制标准曲线	1．制备标准色列管	4	
19		2．分光光度计的使用和操作、比色测定：手持比色皿正确，待测溶液润洗，溶液高度合适，比色皿擦拭方法正确，测定后比色皿洗净；波长选择，调零，参比溶液置于光路调整 T 为 100%（A=0），吸光度稳定后读数，测定结束后关闭电源	6	
20		3．绘制标准曲线：工作曲线线性好，相关系数不小于 0.999，标准曲线斜率应为 0.081±0.003	7	
21	样品测定	1．取样	5	
22		2．样品测定、试剂空白值测定	5	
23	计算	1．计算因子	3	
24		2．甲醛浓度：有效数字、单位正确	4	
25		3．测定结果的精密度	3	
总得分			100	

采样时间/min	采样体积/L	采样温度/℃	大气压力/kPa

标准采样体积 $V_0=V\times\frac{273}{273+t}\times\frac{P}{101.3}$

标准曲线方程相关系数	计算因子	A			A 平均值	A_0	氨浓度/（mg/m^3）

$$c=\frac{(A-A_0)B_s\quad D}{V_0}$$

评分人（签字）：　　　　日期：

核分人（签字）：　　　　日期：

复习与思考题

1. 用碘量法标定次氯酸钠原液，平行滴定中消耗硫代硫酸钠的平均体积为 12.50 mL，已知硫代硫酸钠的浓度为 0.100 3 mol/L，求次氯酸钠原液的浓度。

2. 配制次氯酸钠使用液，为何用 NaOH 溶液而不用纯水？

第三章 室内空气中甲醛的测定

甲醛主要来源于人造木板。装修材料及家具中的胶合板、大芯板、中纤板、刨花板（碎料板）的黏合剂遇热、潮解时甲醛就释放出来，是室内最主要的甲醛释放源。UF 泡沫作为房屋防热、御寒的绝缘材料，在光和热的作用下会老化，释放甲醛。用甲醛做防腐剂的涂料、化纤地毯、化妆品等产品，也产生甲醛。室内吸烟释放甲醛，每支烟烟气中含甲醛 20～88 μg，并有致癌的协同作用。甲醛可以致癌，也可能导致胎儿畸形。

甲醛是一种无色、具有特殊刺激性且易溶于水的气体，沸点很低。甲醛可经呼吸道吸收，是病态建筑物综合征（SBS）明确的危险因素之一。甲醛分子式为 HCHO，化学性质活泼，可以发生加成反应、缩合反应、氧化和还原反应。利用这些反应，甲醛的测定方法有 4-氨基-3-联氨-5-巯基-1,2,4-三氮杂茂（以下简称 AHMT）分光光度法、酚试剂分光光度法、乙酰丙酮分光光度法、变色酸分光光度法、盐酸副玫瑰苯胺分光光度法等化学方法。仪器分析法有高效液相色谱法、气相色谱法和电化学法。

乙酰丙酮分光光度法对共存的酚和乙醛等无干扰，操作简易，重现性好。变色酸分光光度法显色稳定，但需要使用浓硫酸，操作不便，且共存的酚干扰测定。两种方法的灵敏度相同，均需要在沸水浴中加热显色，变色酸加热时间较长。

酚试剂分光光度法在常温下显色，且灵敏度比上述两种方法都好。气相色谱法选择性好，干扰因素小。这两种方法均被作为国家标准《公共场所空气中甲醛测定方法》（GB/T 18204.26—2000）。

AHMT 分光光度法在室温下就能显色，且 SO_3^{2-}、NO_2^-共存时不干扰测定，灵敏度比上述分光光度法均好，已作为国家标准《居住区大气中甲醛卫生检验标准方法 分光光度法》（GB/T 16129—1995）。

目前国内普遍使用的电化学甲醛检测仪，可以直接在现场测定甲醛浓度，当场显示，操作方便，适用于室内和公共场所空气中甲醛浓度的现场测定。

国家标准《室内空气质量标准》（GB/T 18883—2002）中选择 AHMT 分光光度法、酚试剂分光光度法、乙酰丙酮分光光度法和气相色谱法作为甲醛的测定方法。本章的实训项目 2“AHMT 分光光度法测定室内空气中的甲醛”，根据《居住区大气中甲醛卫生检验标准方法—分光光度法》（GB/T 16129—1995）设计；实训项目 3“酚试剂分光光度法测定室内空气中的甲醛”，根据《公共场所空气中甲醛测定方法》

（GB/T 18204.26—2000）设计；实训项目 4“乙酰丙酮分光光度法测定室内空气中的甲醛”根据《空气质量—甲醛的测定—乙酰丙酮分光光度法》（GB/T 15516—1995）设计。

国家标准《室内空气质量标准》（GB/T 18883—2002）规定，室内空气中甲醛的限值为 0.10 mg/m^3。

实训项目 2 AHMT 分光光度法测定室内空气中的甲醛

一、目的

理解 AHMT 分光光度法测定甲醛的原理，掌握 AHMT 法测定室内空气中甲醛的浓度，学会分光光度计的使用和操作。

二、原理

空气中甲醛被吸收液吸收，在碱性溶液中与 4-氨基-3-联氨-5-巯基-1,2,4-三氮杂茂（AHMT）缩合反应，经高碘酸钾氧化生成 6-巯基-5-三氮杂茂[4,3-b]-S-四氮杂苯（III）紫红色化合物，溶液颜色深浅与甲醛含量成正比，通过比色定量测定甲醛含量。

三、测定范围

若采样体积为 20 L，则测定范围为 0.01～0.16 mg/m^3。

四、仪器及设备

（1）气泡吸收管：有 5 mL 和 10 mL 刻度线。

（2）空气采样器：流量范围 0～2 L/min。

（3）具塞比色管：10 mL。

（4）分光光度计：具有 550 nm 波长，并配有 10 mm 比色皿。

五、试剂和材料

（1）吸收液：称取 1 g 三乙醇胺，0.25 g 偏重亚硫酸钠和 0.25 g 乙二胺四乙酸二钠（EDTA）溶于水中并稀释至 1 000 mL。

（2）氢氧化钾溶液（5 mol/L、0.2 mol/L）：称取 28.0 g 氢氧化钾溶于适量蒸馏水中，稍冷后，加蒸馏水至 100 mL，即 5 mol/L。取上述溶液 4.0 mL 加蒸馏水至 100 ml，即 0.2 mol/L。

（3）1.5%高碘酸钾溶液：称取 1.5 g 高碘酸钾溶于 0.2 mol/L 氢氧化钾溶液中，

并稀释至 100 mL，于水浴上加热溶解，备用。

（4）0.5% 4-氨基-3-联氨-5-巯基-1,2,4-三氮杂茂（AHMT）溶液：称取 0.25 g AHMT 溶于 0.5 mol/L 盐酸中，并稀释至 50 mL，此试剂置于棕色瓶中，可保存半年。

（5）碘酸钾标准溶液[$c(\frac{1}{6}KIO_3)$= 0.100 0 mol/L]：准确称量 3.566 7 g 经 105℃烘干 2 h 的碘酸钾（优级纯），溶解于水，移入 1 L 容量瓶中，再用水定容至 1 000 mL。

（6）1 mol/L 盐酸溶液：量取 82 mL 浓盐酸加水稀释至 1 000 mL。

（7）5 g/L 淀粉溶液。用 0.5 g 淀粉，溶于 100 mL 水中，煮沸 2～3 min，冷却后加 0.1 g 水杨酸保存。

（8）硫代硫酸钠标准溶液[$c(Na_2S_2O_3)$=0.100 0 mol/L]：称量 25 g 硫代硫酸钠（$Na_2S_2O_3 \cdot 5H_2O$），溶于 1 000 mL 新煮沸并已放冷的水中，此溶液浓度约为 0.1 mol/L。加入 0.2 g 无水碳酸钠，储存于棕色瓶内，放置一周后，再标定其准确浓度。

硫代硫酸钠溶液的标定方法：

精确量取 25.00 mL [$c(\frac{1}{6}KIO_3)$= 0.100 0 mol/L]碘酸钾标准溶液，于 250 mL 碘量瓶中，加入 75 mL 新煮沸后冷却的水，加 3 g 碘化钾及 10 mL 1 mol/L 盐酸溶液，摇匀后放入暗处静置 3 min。用硫代硫酸钠标准溶液滴定析出的碘，至淡黄色，加入 1 mL 0.5%淀粉溶液呈蓝色。再继续滴定至蓝色刚刚褪去，即为终点，记录所用硫代硫酸钠溶液体积（V），其准确浓度用下式算：

$$c = \frac{0.100\,0 \times 25.00}{V}$$

式中：c —— 硫代硫酸钠标准溶液的浓度，mol/L；

V —— 所用硫代硫酸钠溶液体积，mL。

平行滴定两次，所用硫代硫酸钠溶液体积相差不能超过 0.05 mL，否则应重新标定。

（9）碘溶液[$c(\frac{1}{2}I_2)$= 0.100 0 mol/L]：称量 30 g 碘化钾，溶于 25 mL 水中，加入 12.7 g 碘。待碘完全溶解后，用水定容至 1 000 mL。移入棕色瓶，暗处储存。

（10）0.5 mol/L 硫酸溶液：取 28 mL 浓硫酸缓慢加入水中，冷却后，稀释至 1 000 mL。

（11）1 mol/L 氢氧化钠溶液：称量 40 g 氢氧化钠，溶于水中，稀释至 1 000 mL。

（12）甲醛标准储备溶液：取 2.8 mL 甲醛溶液（含甲醛 36%～38%）于 1 L 容量瓶中，加 0.5 mL 硫酸并用水稀释至刻度，摇匀。其准确浓度用下述碘量法标定。

甲醛标准储备溶液的标定：精确量取 20.00 mL 甲醛标准储备溶液，置于 250 mL

碘量瓶中。加入 20.00 mL 0.050 0 mol/L 碘溶液和 15 mL 1 mol/L 氢氧化钠溶液，放置 15 min。加入 20 mL 0.5 mol/L 硫酸溶液，再放置 15 min，用 0.100 0 mol/L 硫代硫酸钠标准溶液滴定，至溶液呈现淡黄色时，加入 1 mL 0.5%淀粉溶液，继续滴定至刚使蓝色消失为终点，记录所用硫代硫酸钠标准溶液体积（V_2）。同时用水作试剂空白滴定，记录空白滴定所用硫代硫酸钠标准溶液体积（V_1）。

甲醛溶液的浓度用以下公式计算：

$$c = \frac{(V_1 - V_2)\quad M\quad 15}{20}$$

式中：c —— 甲醛标准储备溶液中甲醛浓度，mg/mL；

V_1 —— 滴定空白时所用硫代硫酸钠标准溶液体积，mL；

V_2 —— 滴定甲醛溶液时所用硫代硫酸钠标准溶液体积，mL；

M —— 硫代硫酸钠标准溶液的摩尔浓度，mol/L；

15 —— 甲醛的换算值，g/mol；

20 —— 所取甲醛标准储备溶液的体积，mL。

平行滴定两次，所用硫代硫酸钠溶液相差不能超过 0.05 mL，否则应重新标定。

上述标准溶液稀释 10 倍作为储备液，此溶液置于室温下可使用 1 个月。

（13）甲醛标准溶液：用时取上述甲醛储备液，用吸收液稀释成 1.00 mL 含 2.00 μg 甲醛。即临用时，将甲醛标准储备溶液用水稀释成 1.00 mL 含 10 μg 甲醛，立即再取此溶液 20.00 mL，加入 100 mL 容量瓶中，加入 10.00 mL 吸收原液，用水定容至 100 mL，此液 1.00 mL 含 2.00 μg 甲醛，放置 30 min 后，用于配制标准色列管。此标准溶液可稳定 24 h。

六、采样

用一个内装 5 mL 吸收液的气泡吸收管，以 1.0 L/min 流量，采气 20 L。并记录采样时的温度和大气压力。填写室内空气采样记录表。

七、分析步骤

1. 标准曲线的绘制

用标准溶液绘制标准曲线：取 7 支 10 mL 具塞比色管，按表 3-1 制备标准色列管。

表 3-1 甲醛标准色列管

管号	0	1	2	3	4	5	6
标准溶液/mL	0.0	0.1	0.2	0.4	0.8	1.2	1.6
吸收溶液/mL	2.0	1.9	1.8	1.6	1.2	0.8	0.4
甲醛含量/μg	0.0	0.2	0.4	0.8	1.6	2.4	3.2

各管加入 1.0 mL 5 mol/L 氢氧化钾溶液，1.0 mL 0.5% AHMT 溶液，盖上管塞，轻轻颠倒混匀三次，放置 20 min。加入 0.3 mL 1.5%高碘酸钾溶液，充分振摇，放置 5 min。用 10 mm 比色皿，在波长 550 nm 下，以水作参比，测定各管吸光度。以甲醛含量为横坐标，吸光度为纵坐标，绘制标准曲线，并计算回归线的斜率，以斜率的倒数作为样品测定计算因子 B_s（μg/吸光度）。

2. 样品测定

采样后，补充吸收液到采样前的体积。准确吸取 2 mL 样品溶液于 10 mL 比色管中，按制作标准曲线的操作步骤测定吸光度。

在每批样品测定的同时，用 2 mL 未采样的吸收液，按相同步骤作试剂空白值测定。

八、结果计算

1. 将采样体积按以下公式换算成标准状况下的采样体积

$$V_0 = V \times \frac{T_0}{273 + t} \times \frac{P}{P_0}$$

式中：V_0 —— 换算成标准状况下的采样体积，L；

V —— 采样体积，L；

T_0 —— 标准状况的绝对温度，273 K；

t —— 采样时的现场温度，℃；

P_0 —— 标准状况下的大气压力，101.3 kPa；

P —— 采样时采样点的大气压力，kPa。

2. 空气中甲醛浓度按以下公式计算

$$c = \frac{(A - A_0)B_s}{V_0} \times \frac{V_1}{V_2}$$

式中：c —— 空气中甲醛浓度，mg/m^3；

A —— 样品溶液的吸光度；

A_0 —— 试剂空白溶液的吸光度；

B_s —— 用标准溶液绘制标准曲线得到的计算因子，μg/吸光度；

V_0 —— 标准状况下的采样体积，L；

V_1 —— 采样时吸收液体积，mL；

V_2 —— 分析时取样品体积，mL。

九、注意事项

日光照射能使甲醛氧化，在采样时，要尽量选用棕色吸收管，在样品运输和存放过程中，都应该采取避光措施。

附实训表 2-1　硫代硫酸钠标准溶液浓度的标定

溶液配制日期：　　　　　　　　　　　　　　　　　　标定日期：

计算公式：$c=\frac{0.1000\times 25.00}{V}$

测定次数 \ $Na_2S_2O_3$标准溶液体积	V/mL	平均值/mL
1		
2		

填表人：　　　　　　　　　　校核人：　　　　　　　　　　审核人：

附实训表 2-2　甲醛标准储备溶液浓度的标定

溶液配制日期：　　　　　　　　　　　　　　　　　　标定日期：

计算公式：$c=\frac{(V_1-V_2)\quad M\quad 15}{20}$

测定次数 \ $Na_2S_2O_3$标准溶液体积	V_1/mL	V_2/mL
1		
2		
平均值/mL		

填表人：　　　　　　　　　　校核人：　　　　　　　　　　审核人：

附实训表 2-3　AHMT 分光光度法测定室内空气中甲醛的标准曲线记录表

标准曲线名称：　　　　　　　　标准溶液来源：
适用项目：　　　　　　　　　　方法依据：　　　　　　　　曲线编号：
测定波长：　　　　　　　　　　参比溶液：　　　　　　　　比色皿厚度：
仪器型号：　　　　　　　　　　仪器编号：　　　　　　　　绘制日期：

管号	0	1	2	3	4	5	6
标准溶液/mL	0.0	0.1	0.2	0.4	0.8	1.2	1.6
吸收溶液/mL	2.0	1.9	1.8	1.6	1.2	0.8	0.4
甲醛含量/μg	0.0	0.2	0.4	0.8	1.6	2.4	3.2
吸光度 A							
标准曲线	以甲醛含量为横坐标，吸光度为纵坐标，绘制标准曲线						
线性回归方程	$y=a+bx$　　$r=$　　计算因子 $B_s=$						

填表人：　　　　　　　　　　校核人：　　　　　　　　　　审核人：

附实训表 2-4 AHMT 分光光度法测定室内空气中甲醛的数据记录表

样品名称： 方法依据： 采样日期：
仪器型号： 仪器编号： 分析日期：
测定波长： 参比溶液： 比色皿厚度：

计算公式：$c=\dfrac{(A-A_0)B_s}{V_0}\times\dfrac{V_1}{V_2}$

样品测定次数	1	2	3	平均值
样品吸光度 A				
空白吸光度 A_0				
$A-A_0$				
样品的浓度/（mg/m^3）				

填表人： 校核人： 审核人：

附实训表 2-5 AHMT 分光光度法测定室内空气中甲醛的技能考核标准

序号	内容	操作	评分	
			分值	得分
1	仪器和设备的准备	1．气泡吸收管	3	
2		2．空气采样器	3	
3		3．具塞比色管	3	
4		4．比色皿	3	
5	试剂和材料的准备	1．吸收液的配制	4	
6		2．KOH 溶液（5 mol/L）的配制	3	
7		3．AHMT 溶液（0.5%）的配制	4	
8		4．高碘酸溶液（1.5%）的配制	4	
9		5．碘酸钾标准溶液（0.100 0 mol/L）的配制	4	
10		6．碘溶液[$c(\frac{1}{2}I_2)$= 0.100 0 mol/L]的配制	4	
11		7．硫代硫酸钠标准溶液的配制和标定	7	
12		8．甲醛标准溶液的配制和标定	7	
13	采样	1．布点	3	
14		2．大气采样器的使用和操作	4	
15		3．采样流量控制	3	
16		4．采样环境记录	3	
17	绘制标准曲线	1．制备标准色列管	8	
18		2．分光光度计的使用和操作、比色测定	6	
19		3．绘制标准曲线	4	

序号	内容	操作	评分	
			分值	得分
20	样品测定	1．取样	5	
21		2．样品测定、试剂空白值测定	5	
22	计算	1．计算因子	3	
23		2．甲醛浓度	4	
24		3．测定结果的精密度	3	
总得分			100	

采样时间/min	采样体积/L	采样温度/℃	大气压力/kPa

标准采样体积 $V_0 = V \times \frac{273}{273+t} \times \frac{P}{101.3}$

标准曲线方程相关系数	计算因子	A			A 平均值	A_0	甲醛浓度/（mg/m^3）

$$c = \frac{(A - A_0)B_s}{V_0} \times \frac{V_1}{V_2}$$

评分人（签字）： 日期：

核分人（签字）： 日期：

实训项目 3　酚试剂分光光度法测定室内空气中的甲醛

一、目的

理解酚试剂分光光度法测定甲醛的原理，掌握酚试剂分光光度法测定室内空气中甲醛的浓度，进一步巩固分光光度计的使用和操作。

二、原理

空气中甲醛与酚试剂反应生成嗪，嗪在酸性溶液中被高铁离子氧化形成蓝绿色化合物，溶液颜色深浅与甲醛含量成正比，通过比色定量测定甲醛含量。

三、测定范围

用 5 mL 样品溶液，本方法测定范围为 0.1～1.5 mg/m^3；采样体积为 10 L 时，可测定浓度范围为 0.01～0.15 mg/m^3。

四、仪器及设备

（1）大型气泡吸收管：出气口内径为 1 mm，出气口至管底距离≤5 mm，有 10 mL 刻度线。

（2）恒流采样器：流量范围 0～1 L/min。流量稳定可调，恒流误差小于 2%，采样前和采样后应用皂膜流量计校准采样系列流量，误差小于 5%。

（3）具塞比色管：10 mL。

（4）分光光度计：在 630 nm 测定吸光度。

五、试剂和材料

（1）吸收液原液：称量 0.1 g 酚试剂[$C_6H_4SN(CH_3)C$：NH_2·HCl，MBTH]加水溶解，倾于 100 mL 具塞量筒中，加水到刻度。放冰箱中保存，可稳定 3 d。

（2）吸收液：量取吸收原液 5 mL，加 95 mL 水，即为吸收液。采样时，临用现配。

（3）1%硫酸铁铵溶液：称量 1.0 g 硫酸铁铵，用 0.1 mol/L 盐酸溶解，并稀释至 100 mL。

（4）甲醛标准储备溶液的配制和标定方法同 AHMT 分光光度法。

（5）甲醛标准溶液：临用时，将甲醛标准储备溶液（1 mg/mL）用水稀释成 1.00 mL 含 10 μg 甲醛，立即再取此溶液 10.00 mL，加入 100 mL 容量瓶中，加入 5 mL 吸收原液，用水定容至 100 mL，此液 1.00 mL 含 1.00 μg 甲醛，放置 30 min 后，用于配制标准色列管。此标准溶液可稳定 24 h。

六、采样

用一个内装 5 mL 吸收液的大型气泡吸收管，以 0.5 L/min 流量，采气 10 L。并记录采样时的温度和大气压力。采样后样品在室温下应在 24 h 内分析。填写室内空气采样记录表。

七、分析步骤

1．标准曲线的绘制

用标准溶液绘制标准曲线：取 9 支 10 mL 具塞比色管，按表 3-2 制备标准色列管。

表 3-2　甲醛标准色列管

管号	0	1	2	3	4	5	6	7	8
标准溶液/mL	0.00	0.10	0.20	0.40	0.60	0.80	1.00	1.50	2.00
吸收溶液/mL	5.00	4.90	4.80	4.60	4.40	4.20	4.00	3.50	3.00
甲醛含量/μg	0.00	0.10	0.20	0.40	0.60	0.80	1.00	1.50	2.00

各管加入 0.4 mL 1%硫酸铁铵溶液，摇匀放置 15 min。用 10 mm 比色皿，在波长 630 nm 下，以水作参比，测定各管吸光度。以甲醛含量为横坐标，吸光度为纵坐标，绘制标准曲线，并计算回归线的斜率，以斜率的倒数作为样品测定计算因子 B_s（μg/吸光度）。

2．样品测定

采样后，将样品溶液全部转入比色管中，用少量吸收液洗吸收管，合并使其总体积为 5 mL。按制作标准曲线的操作步骤测定吸光度。

在每批样品测定的同时，用 5 mL 未采样的吸收液，按相同步骤作试剂空白值测定。

八、结果计算

1．将采样体积按下面公式换算成标准状况下的采样体积

$$V_0 = V \times \frac{T_0}{273+t} \times \frac{P}{P_0}$$

式中：V_0—— 换算成标准状况下的采样体积，L；

V—— 采样体积，L；

T_0—— 标准状况的绝对温度，273 K；

t—— 采样时的现场温度，℃；

P_0—— 标准状况下的大气压力，101.3 kPa；

P—— 采样时采样点的大气压力，kPa。

2．空气中甲醛浓度按下面公式计算

$$c = \frac{(A-A_0)B_s}{V_0}$$

式中：c—— 空气中甲醛浓度，mg/m^3；

A—— 样品溶液的吸光度；

A_0—— 试剂空白溶液的吸光度；

B_s—— 用标准溶液绘制标准曲线得到的计算因子，μg/吸光度；

V_0—— 标准状况下的采样体积，L。

九、注意事项

当与二硫化碳共存时，会使结果偏低，可以在采样时，使气体先通过装有硫酸锰滤纸的过滤器，以排除二硫化碳的干扰。

附实训表 3-1　酚试剂分光光度法测定室内空气中甲醛的标准曲线记录表

标准曲线名称：　　　　标准溶液来源：
适用项目：　　　　方法依据：　　　　曲线编号：
测定波长：　　　　参比溶液：　　　　比色皿厚度：
仪器型号：　　　　仪器编号：　　　　绘制日期：

管号	0	1	2	3	4	5	6	7	8
标准溶液/mL	0.00	0.10	0.20	0.40	0.60	0.80	1.00	1.50	2.00
吸收溶液/mL	5.00	4.90	4.80	4.60	4.40	4.20	4.00	3.50	3.00
甲醛含量/μg	0.00	0.10	0.20	0.40	0.60	0.80	1.00	1.50	2.00
吸光度 A									
标准曲线	以甲醛含量为横坐标，吸光度为纵坐标，绘制标准曲线								
线性回归方程	$y = a + bx$　　$r =$　　计算因子 $B_s =$								

填表人：　　　　校核人：　　　　审核人：

附实训表 3-2　酚试剂分光光度法测定室内空气中甲醛的数据记录表

样品名称：　　　　方法依据：　　　　采样日期：
仪器型号：　　　　仪器编号：　　　　分析日期：
测定波长：　　　　参比溶液：　　　　比色皿厚度：

计算公式：$c = \frac{(A - A_0)B_s}{V_0}$

样品测定次数	1	2	3	平均值
样品吸光度 A				
空白吸光度 A_0				
$A-A_0$				
样品的浓度/（mg/m^3）				

填表人：　　　　校核人：　　　　审核人：

附实训表 3-3 酚试剂分光光度法测定室内空气中甲醛的技能考核标准

序号	内容	操作	评分	
			分值	得分
1	仪器和设备的准备	1．气泡吸收管	3	
2		2．空气采样器	3	
3		3．具塞比色管	3	
4		4．比色皿	3	
5	试剂和材料的准备	1．酚试剂吸收原液的配制	4	
6		2．酚试剂吸收液的配制	4	
7		3．1%硫酸铁铵溶液的配制	4	
8		4．硫代硫酸钠标准溶液的配制和标定	8	
9		5．甲醛标准溶液的配制和标定	8	
10	采样	1．布点	4	
11		2．大气采样器的使用和操作	4	
12		3．采样流量控制	4	
13		4．采样环境记录	4	
14	绘制标准曲线	1．制备标准色列管	8	
15		2．分光光度计的使用和操作、比色测定	10	
16		3．绘制标准曲线	6	
17	样品测定	1．取样	5	
18		2．样品测定、试剂空白值测定	5	
19	计算	1．计算因子	3	
20		2．甲醛浓度	4	
21		3．测定结果的精密度	3	
总得分			100	

采样时间/min	采样体积/L	采样温度/℃	大气压力/kPa

标准采样体积 $V_0 = V \times \dfrac{273}{273+t} \times \dfrac{P}{101.3}$

标准曲线方程相关系数	计算因子	A			A 平均值	A_0	甲醛浓度/（mg/m^3）

$$c = \frac{(A - A_0)B_s}{V_0}$$

评分人（签字）： 日期：

核分人（签字）： 日期：

实训项目 4　乙酰丙酮分光光度法测定室内空气中的甲醛

一、目的

理解乙酰丙酮分光光度法测定甲醛的原理，掌握乙酰丙酮分光光度法测定室内空气中甲醛的浓度，熟练掌握分光光度计的使用和操作。

二、原理

甲醛气体经水吸收后，在 pH=6 的乙酸-乙酸铵缓冲溶液中，与乙酰丙酮作用，在沸水条件下，迅速生成稳定的黄色化合物，在波长 413 nm 处测定吸光度。根据溶液颜色的深浅，用分光光度法测定甲醛的浓度。

三、测定范围

在采样体积为 0.5～10.0 L 时，测定范围为 0.5～800 mg/m^3。

四、仪器及设备

（1）空气采样器：流量范围 0.2～1.0 L/min。

（2）大型气泡吸收管：有 10 mL 刻度。

（3）具塞比色管：有 10 mL 刻度。

（4）分光光度计。

五、试剂和材料

（1）二次蒸馏水。

（2）0.25%（体积分数）乙酰丙酮溶液：称 25 g 乙酸铵，加少量水溶解，加 3 mL 冰乙酸及 0.25 mL 新蒸馏的乙酰丙酮，混匀再加水至 100 mL，调整 pH = 6.0，此溶液于 2～5℃储存，可稳定 1 个月。

（3）甲醛标准储备溶液的配制和标定方法同 AHMT 分光光度法。

（4）甲醛标准溶液：将甲醛标准储备液稀释成 5.00 μg/mL 甲醛标准溶液，2～5℃储存，可稳定 1 周。

六、采样

用一个内装 5.0 mL 水及 1.0 mL 乙酰丙酮溶液的气泡吸收管，以 0.5 L/min 的流量，采气 30 L。填写室内空气采样记录表。

七、分析步骤

1. 标准曲线的绘制

用标准溶液绘制标准曲线：取 8 支 10 mL 具塞比色管，按表 3-3 制备标准色列管。

表 3-3　甲醛标准色列管

管号	0	1	2	3	4	5	6	7
水/mL	5.00	4.90	4.80	4.60	4.40	4.00	3.00	2.00
乙酰丙酮溶液/mL	1.00	1.00	1.00	1.00	1.00	1.00	1.00	1.00
甲醛标准溶液/mL	0.00	0.10	0.20	0.40	0.60	1.00	2.00	3.00
甲醛含量/μg	0.00	0.50	1.00	2.00	3.00	5.00	10.00	15.00

各管混匀后，在室温下放置 2 h，使其显色完全后，在波长 413 nm 处，用 1 cm 的比色皿，以水作为参比，测定吸光度。以吸光度对甲醛含量绘制标准曲线。

2. 样品测定

采样后，样品在室温下放置 2 h，然后将样品溶液移入比色管中，按作标准曲线的步骤进行分光光度测定。

用现场空白吸收管未采样的吸收液进行空白测定。

八、结果计算

1. 将采样体积按下面公式换算成标准状况下的采样体积

$$V_0 = V \times \frac{T_0}{273+t} \times \frac{P}{P_0}$$

式中：V_0 —— 换算成标准状况下的采样体积，L；

V —— 采样体积，L；

T_0 —— 标准状况的绝对温度，273 K；

t —— 采样时的现场温度，℃；

P_0 —— 标准状况下的大气压力，101.3 kPa；

P —— 采样时采样点的大气压力，kPa。

2. 空气中甲醛浓度按下面公式计算

$$c = \frac{(A - A_0)B_s}{V_0}$$

式中：c —— 空气中甲醛浓度，mg/m^3；

A —— 样品溶液的吸光度；

A_0 —— 试剂空白溶液的吸光度；

B_s —— 用标准溶液绘制标准曲线得到的计算因子，μg/吸光度；

V_0 —— 标准状况下的采样体积，L。

附实训表 4-1 乙酰丙酮分光光度法测定室内空气中甲醛的标准曲线记录表

标准曲线名称： 标准溶液来源：

适用项目： 方法依据： 曲线编号：

测定波长： 参比溶液： 比色皿厚度：

仪器型号： 仪器编号： 绘制日期：

管号	0	1	2	3	4	5	6	7
甲醛标准溶液/mL	0.00	0.10	0.20	0.40	0.60	1.00	2.00	3.00
甲醛含量/μg	0.00	0.50	1.00	2.00	3.00	5.00	10.00	15.00
吸光度 A								
标准曲线	以甲醛含量为横坐标，吸光度为纵坐标，绘制标准曲线							
线性回归方程	$y = a + bx$　　$r =$　　计算因子 $B_s =$							

填表人： 校核人： 审核人：

附实训表 4-2 乙酰丙酮分光光度法测定室内空气中甲醛的数据记录表

样品名称： 方法依据： 采样日期：

仪器型号： 仪器编号： 分析日期：

测定波长： 参比溶液： 比色皿厚度：

计算公式：$c = \dfrac{(A - A_0)B_s}{V_0}$

样品测定次数	1	2	3	平均值
样品吸光度 A				
空白吸光度 A_0				
$A-A_0$				
样品的浓度/（mg/m^3）				

填表人： 校核人： 审核人：

附实训表 4-3　乙酰丙酮分光光度法测定室内空气中甲醛的技能考核标准

序号	内容	操作	评分	
			分值	得分
1	仪器和设备的准备	1．气泡吸收管	3	
2		2．空气采样器	3	
3		3．具塞比色管	3	
4		4．比色皿	3	
5	试剂和材料的准备	1．0.25%（V/V）乙酰丙酮溶液的配制	4	
6		2．硫代硫酸钠标准溶液的配制和标定	8	
7		3．甲醛标准溶液的配制和标定	8	
8	采样	1．布点	4	
9		2．大气采样器的使用和操作	8	
10		3．采样流量控制	4	
11		4．采样环境记录	4	
12	绘制标准曲线	1．制备标准色列管	8	
13		2．分光光度计的使用和操作、比色测定	10	
14		3．绘制标准曲线	10	
15	样品测定	1．取样	5	
16		2．样品测定、试剂空白值测定	5	
17	计算	1．计算因子	3	
18		2．甲醛浓度	4	
19		3．测定结果的精密度	3	
总得分			100	

采样时间/min	采样体积/L	采样温度/℃	大气压力/kPa

标准采样体积 $V_0 = V \times \dfrac{273}{273+t} \times \dfrac{P}{101.3}$

标准曲线方程相关系数	计算因子	A			A 平均值	A_0	甲醛浓度/（mg/m^3）

$$c = \frac{(A - A_0)B_s}{V_0}$$

评分人（签字）：　　　　日期：

核分人（签字）：　　　　日期：

复习与思考题

1．在采集甲醛样品时，为什么要采取避光措施，而且选用棕色吸收管采集？

2．请比较 AHMT 分光光度法、酚试剂分光光度法、乙酰丙酮分光光度法三种方法适用的范围及适用条件。

第四章 室内空气中苯及苯系物的测定

苯系物，如苯、甲苯和二甲苯，主要来源于燃烧的烟草烟雾、溶剂、涂料、染色剂、打印机、胶黏剂、清洁剂、地毯、壁纸等。苯属芳香烃类化合物的毒性不易被警觉，但如果人待在散发着苯气味的密封房间里，可能在短时间内就会出现头晕、胸闷、恶心、呕吐等症状，若不及时脱离现场，便会导致死亡。另外，苯也可致癌，引发血液病，已经被世界卫生组织确定为致癌物质。甲苯、二甲苯的毒性低于苯。国家标准《室内空气质量标准》（GB/T 18883—2002）规定，室内空气中苯的限值为 0.11 mg/m^3，甲苯的限值为 0.20 mg/m^3，二甲苯的限值为 0.20 mg/m^3。

苯系物的测定方法主要是气相色谱法。气相色谱法可以同时分别测定苯、甲苯和二甲苯，但是不能直接测定室内空气样品，必须用吸附剂进行浓缩，根据解吸方法不同，可以分为溶剂解吸和热解吸两种。由于溶剂解吸使用的二硫化碳溶剂毒性较大，不利于分析人员的健康，应慎用，建议优先选用热解吸方法。

本章的实训项目 5“二硫化碳提取气相色谱法测定室内空气中的苯”，根据国家标准 GB/T 18883—2002 的附录 B《室内空气中苯的检验方法（毛细管气相色谱法）》设计；实训项目 6“热解吸气相色谱法测定室内空气中的苯”，根据国家标准《民用建筑工程室内环境污染控制规范》（GB/T 50325—2001）（2006 年版）的附录 B 《室内空气中苯的测定》设计。实训项目 7“气相色谱法测定室内空气中的苯、甲苯、二甲苯”，根据国家标准《居住区大气中苯、甲苯和二甲苯卫生检验标准方法 气相色谱法》（GB/T 11737—1989）设计。

实训项目 5 二硫化碳提取气相色谱法测定室内空气中的苯

一、目的

理解二硫化碳提取气相色谱法的分离和测定原理，掌握室内空气中苯的测定方法，学会气相色谱仪的使用和操作。

二、原理

空气中苯用活性炭管采集，然后用二硫化碳提取出来，用毛细管柱或填充柱分离，用配备有氢火焰离子化检测器的气相色谱仪分析，以保留时间定性，峰高定量。

三、测定范围

采样量为 20 L 时，用 1 mL 二硫化碳提取，进样 1 μL，测定范围为 0.05～10 mg/m^3。

四、干扰及其排除

空气中水蒸气或水雾量太大，以至在活性炭管中凝结时，严重影响活性炭的穿透容量和采样效率。空气湿度在 90%以下，活性炭管的采样效率符合要求。空气中的其他污染物干扰，由于采用了气相色谱分离技术，选择合适的色谱分离条件可以消除。

五、仪器及设备

（1）活性炭采样管：用长 150 mm，内径 3.5～4.0 mm，外径 6 mm 的玻璃管，装入 100 mg 椰子壳活性炭，两端用少量玻璃棉固定。装好管后再用纯氮气于 300～350℃条件下吹 20～30 min，然后套上塑料帽封紧管的两端。此管放于干燥器中可保存 5 d。若将玻璃管熔封，此管可稳定 3 个月。

（2）空气采样器：流量范围 0.2～1 L/min，流量稳定。使用时用皂膜流量计校准采样系统在采样前和采样后的流量。流量误差应小于 5%。

（3）注射器：1 mL。体积刻度误差应校正。

（4）微量注射器：1 μL，10 μL。体积刻度误差应校正。

（5）具塞刻度试管：2 mL。

（6）气相色谱仪：附氢火焰离子化检测器。

（7）色谱柱：0.53 mm×30 m 大口径非极性石英毛细管柱。

六、试剂和材料

（1）苯：色谱纯。

（2）二硫化碳：色谱纯；若为分析纯，需经纯化处理，保证色谱分析无杂峰。

二硫化碳的纯化方法：二硫化碳用 5%的浓硫酸甲醛溶液反复提取，直至硫酸无色为止，用蒸馏水洗二硫化碳至中性，再用无水硫酸钠干燥，重蒸馏，储于冰箱中备用。

（3）椰子壳活性炭：20～40 目，用于装活性炭采样管。

（4）高纯氮：氮的质量分数为 99.999%。

七、采样和样品保存

在采样地点打开活性炭管，两端孔径至少 2 mm，与空气采样器入气口垂直连接，以 0.5 L/min 的速度，抽取 20 L 空气。采样后，将管的两端套上塑料帽，并记录采样时的温度和大气压力。填写室内空气采样记录表。样品可保存 5 d。

八、分析步骤

1．色谱分析条件

由于色谱分析条件常因实验条件不同而有差异，所以应根据所用气相色谱仪的型号和性能，制定能分析苯的最佳的色谱分析条件。色谱分析条件可选用以下推荐值，也可根据实验室条件制定最佳分析条件：

填充柱温度：90℃，或毛细管柱温度：65℃；

检测室温度：250℃；

汽化室温度：250℃；

载气：氮气，对于填充柱流量为 40 mL/min，对于毛细管柱流量为 30 mL/min；

燃气：氢气，流量为 46 mL/min；

助燃气：空气，流量为 400 mL/min。

2．绘制标准曲线和测定计算因子

在与样品分析相同的条件下，绘制标准曲线和测定计算因子。

配制标准溶液系列，绘制标准曲线：于 5.0 mL 容量瓶中，先加入少量二硫化碳，用 1 μL 微量注射器准确取一定量的苯（20℃时，1 μL 苯重 0.878 7 mg）注入容量瓶中，加二硫化碳至刻度，配成一定浓度的储备液。临用前取一定量的储备液用二硫化碳逐级稀释成苯含量分别为 2.0 μg/mL、5.0 μg/mL、10.0 μg/mL、50.0 μg/mL 的标准液。取 1 μL 标准液进样，测量保留时间及峰高。每个浓度重复 3 次，取峰高的平均值。分别以 1 μL 苯的含量为横坐标（μg），平均峰高为纵坐标（mm），绘制标准曲线。计算回归线的斜率，以斜率的倒数 B_s（μg/mm）作为样品测定的计算因子。

3．样品分析

将采样管中的活性炭倒入具塞刻度试管中，加 1.0 mL 二硫化碳，塞紧管塞，放置 1 h，并不时振摇。取 1 μL 进样，用保留时间定性、峰高（mm）定量，每个样品作 3 次分析，求峰高的平均值。同时，取一个未经采样的活性炭管按样品管同样操作，测量空白管的峰高（mm）。

九、结果计算

1. 将采样体积换算成标准状况下的采样体积

$$V_0 = V \times \frac{T_0}{T} \times \frac{P}{P_0}$$

式中：V_0—— 换算成标准状况下的采样体积，L；

V—— 采样体积，L；

T_0—— 标准状况的绝对温度，273 K；

T—— 采样时采样点现场的温度（t）与标准状况的绝对温度之和，（t+273）K；

P_0—— 标准状况下的大气压力，101.3 kPa；

P—— 采样时采样点的大气压力，kPa。

2. 空气中苯浓度的计算

$$c = \frac{(h - h_0)B_s}{V_0 \quad E_s}$$

式中：c—— 空气中苯的浓度，mg/m^3；

h—— 样品峰高的平均值，mm；

h_0—— 空白管的峰高，mm；

B_s—— 计算因子，μg/mm；

E_s—— 由实验确定的二硫化碳的提取效率（洗脱率）；

V_0—— 标准状况下的采样体积，L。

十、注意事项

二硫化碳和苯均为有毒、易挥发、易燃物质，在使用过程中应该注意安全，尽量在通风橱内进行标准溶液的配制。

附实训表 5-1　二硫化碳提取气相色谱法测定室内空气中苯的标准曲线记录表

标准曲线名称：　　标准溶液来源：　　曲线编号：
适用项目：　　方法依据：　　仪器编号：
仪器型号：　　进样体积：1 μL　　绘制日期：

管号	0	1	2	3	4
苯标准溶液的浓度/（μg/mL）	0.0	2.0	5.0	10.0	50.0
苯含量/μg					
峰高（h）/mm					
峰高−空白峰高（$h-h_0$）/mm					

标准曲线	以苯含量为横坐标，峰高为纵坐标，绘制标准曲线
线性回归方程	$y = a + bx$　　$r =$　　计算因子 $B_s =$

填表人：　　校核人：　　审核人：

附实训表 5-2　二硫化碳提取气相色谱法测定室内空气中苯的数据记录表

样品名称：　　方法依据：　　仪器编号：

仪器型号：　　色谱柱类型：　　检测器类型：

进样体积：1 μL　　采样日期：　　分析日期：

计算公式：$c = \dfrac{(h - h_0)B_s}{V_0 \quad E_s}$

样品测定次数	1	2	3	平均值
样品峰高（h）/mm				
空白峰高（h_0）/mm				
（$h-h_0$）/mm				
样品的浓度/（mg/m^3）				

填表人：　　校核人：　　审核人：

附实训表 5-3　二硫化碳提取气相色谱法测定室内空气中苯的技能考核标准

序号	内容	操作	评分	
			分值	得分
1	仪器和设备的准备	1．活性炭采样管	3	
2		2．空气采样器	3	
3		3．气相色谱仪	3	
4		4．色谱柱	3	
5	试剂和材料的准备	1．二硫化碳	4	
6		2．载气（高纯氮）	4	
7		3．燃气（氢气）	4	
8		4．助燃气（空气）	4	
9		5．苯	4	

序号	内容	操作	评分	
			分值	得分
10	采样	1. 采样点设置	3	
11		2. 大气采样器的使用和操作	4	
12		3. 采样流量控制	3	
13		4. 采样环境记录	3	
14	绘制标准曲线	1. 制备标准色列管	8	
15		2. 气相色谱仪的使用和操作：检漏、安装色谱柱、色谱柱更换与维护、测流速、调流速、开机操作、掌握检测器的结构特点、点火操作、测定方法的设定、工作站上进行谱图处理、结果报告的出具、关机维护操作等	10	
16		3. 绘制标准曲线	8	
17	样品测定	1. 二硫化碳提取样品	9	
18		2. 样品测定、空白值测定：微量注射器除气泡，正确进样	10	
19	计算	1. 计算因子	3	
20		2. 样品浓度	4	
21		3. 测定结果的精密度	3	
总得分			100	

采样时间/min	采样体积/L	采样温度/℃	大气压力/kPa

标准采样体积 $V_0 = V \times \dfrac{273}{273+t} \times \dfrac{P}{101.3}$

标准曲线方程相关系数	计算因子	h/mm			h 平均值	h_0/mm	洗脱率 E_s/%	苯浓度/(mg/m^3)

$$c = \frac{(h-h_0)B_s}{V_0 \quad E_s}$$

评分人（签字）： 日期：

核分人（签字）： 日期：

实训项目 6　热解吸气相色谱法测定室内空气中的苯

一、目的

理解气相色谱法的分离和测定原理，掌握室内空气中苯的热解吸气相色谱测定方法，巩固气相色谱仪的使用和操作，学会热解吸仪的使用和操作。

二、原理

空气中苯用活性炭管采集，然后用热解吸方法提取出来，用毛细管柱或填充柱分离，用配有氢火焰离子化检测器的气相色谱仪分析，以保留时间定性、峰高定量。

三、仪器及设备

（1）采样器：采样过程中流量稳定，流量范围 0.1～0.5 L/min。

（2）热解吸装置：能对吸附管进行热解吸，解吸温度、载气流速可调。

（3）气相色谱仪：配备氢火焰离子化检测器。

（4）色谱柱：毛细管柱或填充柱。毛细管柱长 30～50 m，内径 0.53 mm 或 0.32 mm 石英柱，内涂覆二甲基聚硅氧烷或其他非极性材料；填充柱长 2 m，内径 4 mm 不锈钢柱，内填充聚乙二醇 6000-6201 担体（5∶100）固定相。

（5）注射器：1 μL、10 μL、1 mL、100 mL 注射器若干个。

（6）电热恒温箱：适用于热解吸后手工进样的气相色谱法，可保持 60℃恒温。

四、试剂和材料

（1）活性炭吸附管：内装 100 mg 椰子壳活性炭吸附剂的玻璃管或内壁光滑的不锈钢管，使用前应通氮气加热活化，活化温度为 300～350℃，活化时间不少于 10 min，活化至无杂质峰。

（2）标准品：苯标准溶液或标准气体。

（3）载气：氮气（纯度不小于 99.999%）。

五、采样和样品保存

应在采样地点打开吸附管，与空气采样器入气口垂直连接，调节流量在 0.3～0.5 L/min，用皂膜流量计校准采样系统的流量，采集约 10 L 空气，记录采样时间、采样流量、温度和大气压。填写室内空气采样记录表。

采样后，取下吸附管，密封吸附管的两端，做好标识，放入可密封的金属或玻璃容器中。样品可保存 5 d。

注意：采集室外空气空白样品，应与采集室内空气样品同步进行，地点宜选择在室外上风向处。

六、分析步骤

1．色谱分析条件

由于色谱分析条件常因实验条件不同而有差异，所以应根据所用气相色谱仪的型号和性能，制定能分析苯的最佳的色谱分析条件。色谱分析条件可选用以下推荐值，也可根据实验室条件制定最佳分析条件：

填充柱温度：90℃，或毛细管柱温度：60℃；

检测室温度：150℃；

汽化室温度：150℃；

载气：氮气，流量为 50 mL/min。

2．绘制标准曲线和测定计算因子

在与样品分析相同的条件下，绘制标准曲线和测定计算因子。

标准系列：准确抽取浓度约 1 mg/m^3 的标准气体 100 mL、200 mL、400 mL、1 L、2 L 通过吸附管（或根据标准物质的浓度选定标准曲线浓度系列）。用热解吸气相色谱法分析吸附管标准系列，以苯的含量（μg）为横坐标，峰高为纵坐标，分别绘制标准曲线。

（1）热解吸直接进样的气相色谱法。将吸附管置于热解吸直接进样装置中，350℃解吸后，解吸气体直接由进样阀进入气相色谱仪，进行色谱分析，以保留时间定性、峰高定量。

（2）热解吸后手工进样的气相色谱法。将吸附管置于热解吸装置中，与 100 mL 注射器（经 60℃预热）相连，用氮气以 50 mL/min 的速度于 350℃下解吸，解吸体积为 50 mL，于 60℃平衡 30 min，取 1 mL 平衡后的气体注入气相色谱仪，进行色谱分析，以保留时间定性、峰高定量。

3．样品分析

每支样品吸附管及未采样管，按标准系列相同的热解吸气相色谱分析方法进行分析，以保留时间定性、峰高定量。

七、结果计算

1．空气样品中苯的浓度按下式计算

$$c=\frac{m_i-m_0}{V}$$

式中：c —— 所采空气样品中苯浓度，mg/m^3；

m_i —— 样品管中苯的量，μg；

m_0 —— 未采样管中苯的量，μg；

V —— 实际空气采样体积，L。

2．空气样品中苯的浓度按下式换算成标准状况下的浓度

$$c_c=c\times\frac{101.3}{P}\times\frac{t+273}{273}$$

式中：c_c —— 标准状况下所采空气样品中苯的浓度，mg/m^3；

P —— 采样时采样点的大气压力，kPa；

t—— 采样时采样点的温度，℃。

八、注意事项

（1）当与挥发性有机化合物有相同或几乎相同的保留时间的组分干扰测定时，宜通过选择适当的气相色谱柱，或调节分析系统的条件，将干扰减到最低。

（2）热解吸后手工进样时，要注意标准曲线和样品应同条件操作。

（3）热解吸后手工进样时，将 1 mL 的气体由注射器注入色谱柱时注意用手顶住注射器，否则因柱前压较高而将注射器的针芯顶出，会引起危险，并导致进样失败。

附实训表 6-1 热解吸气相色谱法测定室内空气中苯的标准曲线记录表

标准曲线名称：　　标准气体来源：　　曲线编号：

适用项目：　　方法依据：　　仪器编号：

仪器型号：　　进样体积：1 mL　　绘制日期：

管号	0	1	2	3	4
苯含量/μg					
峰高（h）/mm					
峰高–空白峰高（$h-h_0$）/mm					
标准曲线	以苯的含量为横坐标，峰高为纵坐标，绘制标准曲线				
线性回归方程	$y=a+bx$　　$r=$　　计算因子 $B_g=$				

填表人：　　校核人：　　审核人：

附实训表 6-2 热解吸气相色谱法测定室内空气中苯的数据记录表

样品名称：　　方法依据：　　仪器编号：

仪器型号：　　色谱柱类型：　　检测器类型：

进样体积：1 mL　　采样日期：　　分析日期：

计算公式：$c_c=\frac{m_i-m_0}{V_0}$

样品测定次数	1	2	3	平均值
样品管中苯的量（m_i）/μg				
空白管中苯的量（m_0）/μg				
（m_i-m_0）/μg				
样品的浓度 c_c/（mg/m^3）				

填表人：　　校核人：　　审核人：

附实训表 6-3 热解吸气相色谱法测定室内空气中苯的技能考核标准

序号	内容	操作	评分	
			分值	得分
1	仪器和设备的准备	1. 活性炭采样管	3	
2		2. 空气采样器	3	
3		3. 气相色谱仪	3	
4		4. 色谱柱	3	
5		5. 热解吸仪	3	
6	试剂和材料的准备	1. 苯标准气体	4	
7		2. 载气（高纯氮）	4	
8		3. 燃气（氢气）	4	
9		4. 助燃气（空气）	4	
10		5. 苯标准溶液	4	
11	采样	1. 采样点设置	3	
12		2. 大气采样器的使用和操作	4	
13		3. 采样流量控制	3	
14		4. 采样环境记录	3	
15	绘制标准曲线	1. 制备标准系列	10	
16		2. 气相色谱测试条件的确定	8	
17		3. 绘制标准曲线	8	
18	样品测定	1. 热解吸装置的使用和操作	7	
19		2. 样品测定、空白值测定	9	
20	计算	1. 计算因子	3	
21		2. 样品浓度	4	
22		3. 测定结果的精密度	3	
总得分			100	

采样时间/min	采样体积/L	采样温度/℃	大气压力/kPa

标准采样体积 $V_0 = V \times \frac{273}{273+t} \times \frac{P}{101.3}$

标准曲线方程相关系数	计算因子	m_i/μg			m_i 平均值	m_0/μg	苯浓度/（mg/m^3）

$$c_c = \frac{m_i - m_0}{V_0}$$

评分人（签字）： 日期：

核分人（签字）： 日期：

实训项目 7 气相色谱法测定室内空气中的苯、甲苯、二甲苯

一、目的

理解毛细管气相色谱法的分离和测定原理，掌握室内空气中苯、甲苯、二甲苯的测定方法，熟练掌握气相色谱仪的使用和操作，巩固热解吸仪的使用和操作。

二、原理

空气中苯、甲苯和二甲苯用活性炭管采集，然后经热解吸或用二硫化碳提取出来，再经聚乙二醇 6000 色谱柱分离，用氢火焰离子化检测器检测，以保留时间定性、峰高定量。

三、测定范围

当用活性炭管采样 10 L，热解吸时，苯的测量范围为 0.005～10 mg/m^3，甲苯为 0.01～10 mg/m^3，二甲苯为 0.02～10 mg/m^3。用 1 mL 二硫化碳提取，进样 1 μL，苯的测量范围为 0.025～20 mg/m^3，甲苯为 0.05～20 mg/m^3，二甲苯为 0.1～20 mg/m^3。

四、仪器及设备

（1）活性炭采样管：用长 150 mm、内径 3.5～4.0 mm、外径 6 mm 的玻璃管，装入 100 mg 椰子壳活性炭，两端用少量玻璃棉固定。装管后再用纯氮气于 300～350℃条件下吹 5～10 min，然后套上塑料帽封紧管的两端。此管放于干燥器中可保存 5 d。若将玻璃管熔封，此管可稳定 3 个月。

（2）空气采样器：流量范围 0.2～1 L/min，流量稳定。使用时用皂膜流量计校准采样系统在采样前和采样后的流量，流量误差应小于 5%。

（3）注射器：1 mL，100 mL。体积刻度误差应校正。

（4）微量注射器：1 μL，10 μL。体积刻度误差应校正。

（5）热解吸装置：主要由加热器、控温器、测温表及气体流量控制器等部分组成。调温范围为 100～400℃，控温精度±1℃，热解吸气体为氮气，流量调节范围为 50～100 mL/min，读数误差±1 mL/min。所用热解吸装置的结构应使活性炭管能方便地插入加热器中，并且各部分受热均匀。

（6）具塞刻度试管：2 mL。

（7）气相色谱仪：配备氢火焰离子化检测器。

（8）色谱柱：长 2 m、内径 4 mm 不锈钢柱，内填充聚乙二醇 6000-6201 担体（5∶100）固定相。

五、试剂和材料

（1）苯、甲苯、二甲苯：色谱纯。

（2）二硫化碳：分析纯，需经纯化处理，处理方法见实训项目 5。

（3）色谱固定液：聚乙二醇 6000。

（4）6201 担体：60～80 目。

（5）椰子壳活性炭：20～40 目，装入活性炭采样管。

（6）纯氮：99.99%。

六、采样和样品保存

在采样地点打开活性炭管，两端孔径至少 2 mm，与空气采样器入气口垂直连接，以 0.5 L/min 的速度，抽取 10 L 空气。采样后，将管的两端套上塑料帽，并记录采样时的温度和大气压力。填写室内空气采样记录表。样品可保存 5 d。

七、分析步骤

1. 色谱分析条件

由于色谱分析条件常因实验条件不同而有差异，所以应根据所用气相色谱仪的型号和性能，制定能分析苯、甲苯和二甲苯的最佳色谱分析条件。

2. 绘制标准曲线和测定计算因子

在与样品分析相同的条件下，绘制标准曲线和测定计算因子。

（1）用混合标准气体绘制标准曲线。用微量注射器准确取一定量的苯、甲苯和二甲苯（20℃时，1 μL 苯重 0.878 7 mg，甲苯重 0.866 9 mg，邻、间、对二甲苯分别重 0.880 2 mg、0.864 2 mg、0.861 1 mg），分别注入 100 mL 注射器中，以氮气为本底气，配成一定浓度的标准气体。取一定量的苯、甲苯和二甲苯标准气体分别注入同一个 100 mL 注射器中相混合，再用氮气逐级稀释成 0.02～2.0 μg/mL 范围内 4 个浓度点的苯、甲苯和二甲苯的混合气体。取 1 mL 进样，测量保留时间及峰高。每个浓度重复 3 次，取峰高的平均值。分别以苯、甲苯和二甲苯的含量（μg/mL）为横坐标，平均峰高（mm）为纵坐标，绘制标准曲线。计算回归线的斜率，以斜率的倒数作样品测定的计算因子 B_g[μg/（mL · mm）]。

（2）用标准溶液绘制标准曲线。在 3 个 50 mL 容量瓶中先加入少量二硫化碳，用 10 μL 注射器准确量取一定量的苯、甲苯和二甲苯分别注入容量瓶中，加二硫化碳至刻度，配成一定浓度的储备液。临用前取一定量的储备液用二硫化碳逐级稀释成苯、甲苯和二甲苯含量为 0.005 μg/mL、0.01 μg/mL、0.05 μg/mL、0.2 μg/mL

的混合标准液。分别取 1 μL 进样，测量保留时间及峰高，每个浓度重复 3 次，取峰高的平均值，以苯、甲苯和二甲苯的含量（μg/μL）为横坐标，平均峰高（mm）为纵坐标，绘制标准曲线。计算回归线的斜率，以斜率的倒数作样品测定的计算因子 B_s[μg/（μL · mm）]。

（3）测定校正因子。当仪器的稳定性能差，可用单点校正法求校正因子。在样品测定的同时，分别取零浓度和与样品热解吸气（或二硫化碳提取液）中含苯、甲苯和二甲苯浓度相接近的标准气体 1 mL 或标准溶液 1 μL，按绘制标准曲线的操作方法，测量零浓度和标准的色谱峰高（mm）和保留时间，用下式计算校正因子：

$$f = \frac{c_s}{h_s - h_0}$$

式中：f —— 校正因子，μg/（mL · mm）（对热解吸气样）或μg/（μL · mm）（对二硫化碳提取液样）；

c_s —— 标准气体或标准溶液浓度，μg/mL 或μg/μL；

h_0，h_s —— 零浓度，标准的平均峰高，mm。

3. 样品分析

（1）热解吸法进样。将已采样的活性炭管与 100 mL 注射器相连，置于热解吸装置上，用氮气以 50～60 mL/min 的速度于 350℃下解吸，解吸体积为 100 mL，取 1 mL 解吸气进色谱柱，用保留时间定性、峰高（mm）定量。每个样品作 3 次分析，求峰高的平均值。同时，取一个未采样的活性炭管，按样品管同样操作，测定空白管的平均峰高。

（2）二硫化碳提取法进样。将活性炭倒入具塞刻度试管中，加 1.0 mL 二硫化碳，塞紧管塞，放置 1 h，并不时振摇，取 1 μL 进色谱柱，用保留时间定性、峰高（mm）定量。每个样品作 3 次分析，求峰高的平均值。同时，取一个未经采样的活性炭管按样品管同样操作，测量空白管的平均峰高（mm）。

八、结果计算

1. 将采样体积按下式换算成标准状况下的采样体积

$$V_0 = V \times \frac{T_0}{T} \times \frac{P}{P_0}$$

式中：V_0 —— 换算成标准状况下的采样体积，L；

V —— 采样体积，L；

T_0 —— 标准状况的绝对温度，273 K；

T—— 采样时采样点现场的温度（t）与标准状况的绝对温度之和，（t+273）K；

P_0—— 标准状况下的大气压力，101.3 kPa；

P—— 采样时采样点的大气压力，kPa。

2．用热解吸法时，空气中苯、甲苯和二甲苯浓度按下式计算

$$c=\frac{(h-h_0)B_g}{V_0\quad E_g}\times 100$$

式中：c—— 空气中苯或甲苯、二甲苯的浓度，mg/m^3；

h—— 样品峰高的平均值，mm；

h_0—— 空白管的峰高，mm；

B_g—— 由用混合标准气体绘制标准曲线得到的计算因子，μg/（mL·mm）；

E_g—— 由实验确定的热解吸效率。

3．用二硫化碳提取法时，空气中苯、甲苯和二甲苯浓度按下式计算

$$c=\frac{(h-h_0)B_s}{V_0\quad E_s}\times 1\,000$$

式中：c—— 空气中苯或甲苯、二甲苯的浓度，mg/m^3；

h—— 样品峰高的平均值，mm；

h_0—— 空白管的峰高，mm；

B_s—— 由标准溶液绘制标准曲线得到的计算因子，μg/（μL·mm）；

E_s—— 由实验确定的二硫化碳提取的效率。

4．用校正因子时空气中苯、甲苯、二甲苯浓度按下式计算

$$c=\frac{(h-h_0)f}{V_0\quad E_g}\times 100 \qquad 或 \qquad c=\frac{(h-h_0)f}{V_0\quad E_s}\times 1\,000$$

式中：f—— 校正因子，μg/（mL·mm）（对热解吸气样）或μg/（μL·mm）（对二硫化碳提取液样）。

九、注意事项

（1）外标法测定要注意取样和进样必须准确。

（2）气相色谱分析时，色谱条件应根据色谱仪的条件进行设置，色谱柱可以是填充柱，也可以采用毛细管柱，需要注意的是进样量不同。

附实训表 7-1　气相色谱法测定室内空气中苯系物的标准曲线记录表

标准曲线名称：　　标准气体（或标准溶液）来源：　　曲线编号：
适用项目：　　方法依据：　　仪器编号：
仪器型号：　　进样体积：1 mL（或 1 μL）　　绘制日期：

管号	0	1	2	3	4
苯含量/μg					
峰高 h/mm					
峰高–空白峰高（$h-h_0$）/mm					
标准曲线	以苯、甲苯或二甲苯的含量为横坐标，峰高为纵坐标，绘制标准曲线				
线性回归方程	$y=a+bx$　　$r=$　　计算因子 $B=$				

填表人：　　校核人：　　审核人：

附实训表 7-2　气相色谱法测定室内空气中苯系物的数据记录表

样品名称：　　方法依据：　　仪器编号：
仪器型号：　　色谱柱类型：　　检测器类型：
进样体积：　　采样日期：　　分析日期：

计算公式：$c=\dfrac{(h-h_0)B_g}{V_0\quad E_g}\times 100$ 或 $c=\dfrac{(h-h_0)B_s}{V_0\quad E_s}\times 1\ 000$

分析项目：

样品测定次数	1	2	3	平均值
样品峰高 h/mm				
空白峰高 h_0/mm				
（$h-h_0$）/mm				
样品的浓度/（mg/m^3）				

填表人：　　校核人：　　审核人：

附实训表 7-3　气相色谱法测定室内空气中苯系物的技能考核标准

序号	内容	操作	考核记录	评分	
				分值	得分
1	仪器和设备的准备	1．活性炭采样管		3	
2		2．空气采样器		3	
3		3．气相色谱仪		3	
4		4．色谱柱		3	
5		5．热解吸仪		3	
6	试剂和材料的准备	1．二硫化碳		3	
7		2．载气（高纯氮）		3	
8		3．燃气（氢气）		3	
9		4．助燃气（空气）		3	
10		5．苯		3	
11		6．甲苯		3	
12		7．二甲苯		3	
13	采样	1．采样点设置		3	
14		2．大气采样器的使用和操作		4	
15		3．采样流量控制		3	
16		4．采样环境记录		3	
17	绘制标准曲线	1．制备标准色列管		10	
18		2．气相色谱测试条件的确定		8	
19		3．绘制标准曲线		8	
20	样品测定	1．二硫化碳提取或热解吸取样		7	
21		2．样品测定、空白值测定		8	
22	计算	1．计算因子或校正因子		3	
23		2．样品浓度		4	
24		3．测定结果的精密度		3	
总得分				100	

采样时间/min	采样体积/L	采样温度/℃	大气压力/kPa

标准采样体积 $V_0 = V \times \frac{273}{273+t} \times \frac{P}{101.3}$

标准曲线方程相关系数	计算因子	h/mm			h 平均值	h_0/mm	苯系物浓度/（mg/m^3）

$$c = \frac{(h-h_0)B_g}{V_0 \quad E_g} \times 100 \text{ 或 } c = \frac{(h-h_0)B_s}{V_0 \quad E_s} \times 1\,000$$

评分人（签字）：　　　　　　　　　　　　日期：

核分人（签字）：　　　　　　　　　　　　日期：

复习与思考题

1. 气相色谱定量分析时，若采用标准曲线法（也称外标法），在实验操作条件和进样上有何要求？

2. 请对比二硫化碳提取气相色谱法和热解吸气相色谱法测定室内空气中的苯有何异同。

第五章 室内空气中总挥发性有机化合物（TVOC）的测定

VOC是挥发性有机化合物（Volatile Organic Compounds）的英文缩写，世界卫生组织（WHO）对总挥发性有机化合物TVOC（Total Volatile Origanic Compounds）的定义为熔点低于室温而沸点在 50～260℃的挥发性有机化合物的总称。TVOC 主要来源是建筑材料、清洁剂、涂料、胶黏剂、化妆品和洗涤剂。吸烟的烟雾和烹饪过程中也会产生 TVOC。高浓度 TVOC 下工作的人可导致中枢神经系统、肝、肾和血液中毒。个别过敏者在低浓度下也会有严重反应。通常主要症状有：眼睛不适（赤热、流泪等）、喉部不适（干燥）、呼吸疾病（气喘、支气管哮喘）、头痛、眩晕、疲倦、烦躁。

常用的 TVOC 测定方法是固体吸附剂管采样，然后加热解吸，用毛细管气相色谱法测定。根据解吸方法不同，可以分为热解吸直接进样的气相色谱法和热解吸后手工进样的气相色谱法两种。根据国家标准《民用建筑工程室内环境污染控制规范》（GB 50325—2001）的规定，当有争议时以热解吸直接进样的气相色谱法为准，故本章的实训项目 8“热解吸气相色谱法测定室内空气中的 TVOC”，根据国家标准《民用建筑工程室内环境污染控制规范》（GB 50325—2001）的附录 E 设计。

国家标准《室内空气质量标准》（GB/T 18883—2002）规定，室内空气中 TVOC 的限值为 0.6 mg/m^3。

实训项目 8　热解吸气相色谱法测定室内空气中的 TVOC

一、目的

理解气相色谱法的分离和测定原理，掌握利用热解吸直接进样气相色谱法进行室内空气中总挥发性有机化合物（TVOC）测定的方法。熟练掌握气相色谱仪和热解吸仪的使用和操作。

二、原理

选择合适的吸附剂 Tenax-TA，用 Tenax-TA 吸附管采集一定体积的空气样品，空气中的挥发性有机化合物保留在吸附管中，通过热解吸装置加热吸附管得到挥发性有机化合物的解吸气体，将其注入气相色谱仪，进行色谱分析，以保留时间定性、峰面积定量。

三、测定范围

本方法适用的浓度范围为 0.5 $\mu g/m^3$～100 mg/m^3。

四、仪器及设备

（1）采样器：空气采样过程中流量稳定，流量范围 0.1～0.5 L/min。

（2）热解吸装置：能对吸附管进行热解吸，并将解吸气用惰性气体载带进入气相色谱仪。解吸温度、时间和载气流速可调。冷阱可将解吸样品进行浓缩。

（3）气相色谱仪：配备氢火焰离子化检测器。

（4）毛细管柱：长 30～50 m，内径 0.32 mm 或 0.53 mm 石英柱，内涂覆二甲基聚硅氧烷，膜厚 1～5μm，柱操作条件为程序升温 50～250℃，初始温度为 50℃，保持 10 min，升温速率 5℃/min，至 250℃，保持 2 min。

（5）注射器：1 μL、10 μL、1 mL、100 mL 注射器若干个。

五、试剂和材料

（1）Tenax-TA 吸附管：内装 200 mg 粒径为 0.18～0.25 mm（60～80 目）Tenax-TA 吸附剂的玻璃管或内壁抛光的不锈钢管，使用前应通氮气加热活化，活化温度应高于解吸温度，活化时间不少于 30 min，活化至无杂质峰。

（2）标准品：苯、甲苯、对（间）二甲苯、邻二甲苯、苯乙烯、乙苯、乙酸丁酯、十一烷的标准溶液或标准气体。

（3）载气：氮气（纯度不小于 99.99%）。

六、采样

应在采样地点打开吸附管，与空气采样器入气口垂直连接，调节流量在 0.1～0.4 L/min，用皂膜流量计校准采样系统的流量，采集 1～5 L 空气，记录采样时间、采样流量、温度和大气压。填写室内空气采样记录表。

采样后，取下吸附管，密封吸附管的两端，做好标记，放入可密封的金属或玻璃容器中，应尽快分析，样品最长可保存 14 d。

注意：采集室外空气空白样品，应与采集室内空气样品同步进行，地点宜选择在室外上风向处。

七、标准系列制备

根据实际情况可以选用气体外标法或液体外标法。

（1）气体外标法：准确抽取气体组分浓度约 1 mg/m³ 的标准气体 100 mL、200 mL、400 mL、1 L、2 L 通过吸附管，为标准系列。

（2）液体外标法：取单组分含量为 0.05 mg/mL、0.1 mg/mL、0.5 mg/mL、1.0 mg/mL、2.0 mg/mL 的标准溶液 1～5 μL 注入吸附管，同时用 100 mL/min 的氮气通过吸附管，5 min 后取下，密封，为标准系列。

本实验选用液体外标法。

八、热解吸直接进样的气相色谱法

将吸附管置于热解吸直接进样装置中，250～325℃解吸后，解吸气体直接由进样阀快速进入气相色谱仪，进行色谱分析，以保留时间定性、峰面积定量。

九、标准曲线的绘制

用热解吸气相色谱法分析吸附管标准系列，以各组分的含量（μg）为横坐标，峰面积为纵坐标，分别绘制标准曲线，并计算回归方程。

十、样品分析

每支样品吸附管及未采样管，按标准系列相同的热解吸气相色谱分析方法进行分析，以保留时间定性、峰面积定量。

十一、结果计算

1．空气样品中各组分的浓度按下式计算

$$c_m = \frac{m_i - m_0}{V}$$

式中：c_m—— 所采空气样品中 i 组分浓度，mg/m³；

m_i—— 样品管中 i 组分的量，μg；

m_0—— 未采样管中 i 组分的量，μg；

V—— 空气采样体积，L。

2．空气样品中各组分的浓度按下式换算成标准状况下的浓度

$$c_c = c_m \times \frac{101.3}{P} \times \frac{t + 273}{273}$$

式中：c_c—— 标准状况下所采空气样品中 i 组分的浓度，mg/m³；

P —— 采样时采样点的大气压力，kPa；

t —— 采样时采样点的温度，℃。

3．按下式计算所采空气样品中总挥发性有机化合物（TVOC）的浓度

$$C_{\mathrm{TVOC}}=\sum_{i=1}^{i=n}c_c$$

式中：C_{TVOC} —— 标准状况下所采空气样品中总挥发性有机化合物（TVOC）的浓度，mg/m^3。

注意：对未识别峰，可以甲苯计；当与挥发性有机化合物有相同或几乎相同的保留时间的组分干扰测定时，宜通过选择适当的气相色谱柱，或通过更严格地选择吸收管和调节分析系统的条件，将干扰减到最低。

十二、注意事项

在解吸炉上进行 Tenax-TA 吸附管的操作时要戴上布手套，避免高温烫伤。

附实训表 8-1　热解吸气相色谱法测定室内空气中 TVOC 的数据记录表

样品名称：　　方法依据：　　仪器编号：

气相色谱仪型号：　　色谱柱类型：　　检测器类型：

热解吸仪型号：　　采样日期：　　分析日期：

采样地点	采样时间/min	吸附管	流量/(L/min)	体积/L	温度/℃	大气压力/kPa	标态体积/L	
		Tenax-TA						
标准系列					空白管峰面积	标准曲线回归方程	样品的峰面积	样品—空白的含量/μg
进样体积/μL								
含量/μg								
分析项目	峰面积	峰面积	峰面积	峰面积				
苯						$y=a+bx$ $r=$ $B_s=$		
甲苯								
乙酸丁酯								
乙苯								
对（间）二甲苯								
苯乙烯								
邻二甲苯								
十一烷								
未识别峰								
TVOC 含量/μg								
标准状况下测定 TVOC 实际浓度/（mg/m^3）								

填表人：　　校核人：　　审核人：

附实训表 8-2 热解吸气相色谱法测定室内空气中 TVOC 的技能考核标准

序号	内容	操作	考核记录	评分	
				分值	得分
1	仪器和设备的准备	1. 吸附管		3	
2		2. 空气采样器		3	
3		3. 气相色谱仪		3	
4		4. 色谱柱		3	
5		5. 热解吸仪		3	
6		6. 注射器		3	
7	试剂和材料的准备	1. VOCs 标准溶液		3	
8		2. 稀释溶剂		3	
9		3. 吸附剂 Tenax-TA		3	
10		4. 载气（高纯氮）		3	
11		5. 燃气（氢气）		3	
12		6. 助燃气（空气）		3	
13	采样	1. 布点		3	
14		2. 大气采样器的使用和操作		3	
15		3. 采样流量控制		3	
16		4. 采样保存		3	
17		5. 采样环境记录		3	
18	确定解吸浓缩条件	1. 解吸条件确定		4	
19		2. 解吸过程		4	
20	绘制标准曲线	1. 制备标准色列管		8	
21		2. 确定气相色谱测试条件		5	
22		3. 绘制标准曲线		8	
23	样品测定	1. 取样（热解吸）		5	
24		2. 样品测定、试剂空白值测定		5	
25	计算	1. 计算因子		3	
26		2. 样品浓度		4	
27		3. 测定结果的精密度		3	
总得分				100	

采样时间/min	采样体积/L	采样温度/℃	大气压力/kPa

标准采样体积 $V_0 = V \times \frac{273}{273+t} \times \frac{P}{101.3}$

标准状况下测定 TVOC 实际浓度/（mg/m^3）	

$$C_{TVOC} = \sum_{i=1}^{i=n} c_c$$

评分人（签字）： 日期：

核分人（签字）： 日期：

复习与思考题

用热解吸气相色谱法测定室内空气中 TVOC 的影响因素有哪些？

第六章 室内空气中氡的测定

氡存在于建筑水泥、矿碴砖和装饰石材以及土壤中。氡对人体的主要危害是导致肺癌，它是除吸烟外的第二大致肺癌病因。氡进入人体后主要是内照射造成机体伤害，其发病潜伏期长。在美国，建筑新房时，有关部门会对选址地的土壤进行氡的测定，以判断该地区氡含量的高低。如果超过标准就会建议建筑者重新选址，避开高氡区。对于氡这种放射性物质对人体的伤害，国外一直十分重视。美国就将每年 10 月的第 3 周定为氡宣传周，以提高人们对氡危害的警惕性。我国也制定了氡含量的国家标准，国家标准《室内空气质量标准》（GB/T 18883—2002）规定，室内空气中氡的限值为 400 Bq/m^3。

由于镭在长期衰变中不断地向空气中释放氡，使得室内氡的浓度很不稳定，受到时间、季节、通风和气象条件等因素的影响，具有低浓度、高差异、大波动的特点。如果测量方法选择不当或操作不当，得到的结果会与实际情况有很大的出入，用这样的结果评价房屋中的氡水平会导致严重的偏离，甚至会造成不必要的损失。选择测定方法取决于测量的目的和被测场所的类型。虽然氡的测量方法很多，但每种方法都有一定的局限性和适应范围。目前已经报道的氡（^{222}Rn）及其衰变产物的测量方法很多，测量方式的分类见表 6-1。

表 6-1　氡测量方式的分类

按照测量方法分类	按照采样方式分类	按照测量目的分类
静电捕集法	瞬时测量	氡气测量
脉冲电离室法	累计测量	氡衰变产物测量
ZnS（Ag）闪烁室法	主动测量	
α 能谱法	被动测量	
γ 能谱法	联合测量	
液体闪烁法		
固体核径迹探测器法		

国家标准《环境空气中氡的标准测量方法》（GB/T 14582—1993）规定了室内空气中氡的测定方法主要有四种，即径迹蚀刻法、活性炭盒法、双滤膜法和气球法。活性炭盒法以其测量结果准确、操作简便、测量期间不需要电源、体积小、便于布

放等特点在工程检测中得到了较广泛的应用。

实训项目 9“活性炭盒法测定室内空气中的氡”，根据国家标准《环境空气中氡的标准测量方法》（GB/T 14582—1993）设计。实训项目 10“闪烁瓶法测定室内空气中的氡”，根据国家标准《空气中氡浓度的闪烁瓶测量方法》（GB/T 16147—1995）设计，适用于室内外及地下场所等空气中氡浓度的测量。

实训项目 9　活性炭盒法测定室内空气中的氡

一、目的

理解活性炭盒法测定室内空气中氡的原理，掌握室内空气中氡的活性炭盒测定方法，掌握γ能谱仪的使用和操作方法。

二、原理

活性炭盒法是被动式采样，能测量出采样期间室内平均氡浓度。空气扩散进入炭床，其中的氡被活性炭吸附，同时衰变，新生的子体便沉积在活性炭内。用γ能谱仪测量活性炭盒的氡子体特征γ射线峰（或峰群）强度。根据特征峰面积可计算出氡浓度。

三、仪器及设备

（1）活性炭：椰壳炭 8～16 目。

（2）采样盒：采样盒用塑料或金属制成，直径 6～10 cm，高 3～5 cm，内装 25～100 g 活性炭；盒的敞开面用滤膜封住，固定活性炭且允许氡进入采样器，采样盒尺寸和活性炭用量等应与刻度的采样盒一致。

（3）烘箱。

（4）天平：感量 0.1 mg，量程 200 g。

（5）γ能谱仪：NaI（TI）或半导体探头配多道脉冲分析器；γ能谱仪配套分析软件，本实训中以北京睿思厚德公司的氡气分析软件为例。

四、操作程序

1．采样盒制备

（1）将选定的活性炭放入烘箱内，在 120℃下烘烤 5～6 h，注意烘箱需开鼓风。存入磨口瓶中待用。

（2）装样，称取一定量烘烤后的活性炭装入采样盒中，并盖上滤膜或金属筛网和盒盖，用胶带密封，称量样品盒的总重量，把活性炭盒密封存放。

2. 现场采样

（1）采样应在密闭条件下进行，外面的门窗必须关闭，正常出入时外面门打开的时间不能超过 5 min。

（2）对采用集中空调的民用建筑工程，采样应在空调正常运转的条件下进行。

（3）对采用自然通风的民用建筑工程，应在房间的对外门窗关闭 24 h 后进行。采样期间内外空气调节系统（吊扇和窗户上的风扇）要停止运行。

（4）采样前 12 h 或采样期间出现大风，则停止采样。

（5）在采样地点去掉活性炭盒密封包装，敞开面朝上放在采样点上，其上面 20 cm 内不得有其他物体，活性炭盒放置在距地面 50 cm 以上的桌子或架子上，记录采样开始的时间。放置（48±2）h（或根据不同的分析软件放置 2～7 d）后用原胶带将活性炭盒再密封起来，并记录采样结束的时间，迅速送回实验室。

3. 样品测定

（1）仪器刻度：根据仪器或软件说明书，用标准源对测量软件进行能量刻度。测试标准氡气样品，选定氡子体特征γ射线峰（或峰群）区域并测出其面积。

（2）测量：采样停止 3 h 后测量，再称量样品盒的总重量，计算水分吸收量。将活性炭盒在γ能谱仪上计数，根据标准氡气样品的特征γ射线峰（或峰群）区域选择样品氡子体特征γ射线峰（或峰群）并测定其面积，检测条件与刻度时要一致。

五、结果计算

空气中氡浓度按下式计算：

$$c_{\mathrm{Rn}} = \frac{an_r}{t_1^b \quad e^{-\lambda_{\mathrm{Rn}} t_2}}$$

式中：c_{Rn} —— 氡浓度，Bq/m^3；

a —— 采样 1 h 的响应系数，Bq/m^3/（计数/min）；

n_r —— 特征峰（或峰群）对应的净计数率，计数/min；

t_1 —— 采样时间，h；

b —— 累积指数，为 0.49；

λ_{Rn} —— 氡衰变常数，7.55×10^{-3}/h；

t_2 —— 测量开始时刻至采样时间中点的时间间隔，h。

以上计算步骤可由分析软件完成。

在软件中，存入本底样品谱和标准样品谱后，输入采样开始和采样结束的时间、样品盒吸水量等参数后，点击软件中的“计算氡气浓度”进行计算。

六、注意事项

（1）采样条件要注意控制，以保证测量数据的稳定性和重复性。

（2）NaI γ能谱仪的探头对温度很敏感，一般仪器应放置在温度恒定（温度波动不超过±2℃）的房间内。

（3）对γ能谱仪进行刻度需要采用有证标准源，并用标准样品进行质量控制。

（4）由于一般分析软件均已做了不同湿度的修正，因此在实际操作中不需另外再做湿度修正。

附实训表 9-1　活性炭盒法测定室内空气中氡的数据记录表

检验依据		GB/T 14582—93，GB 50325—2001（2006 年版）				封闭时间		
主要仪器设备型号								
检测日期			本底盒号		标准样品氡浓度（证书号：）			
序号	检测位置	样品盒编号	采样前样品盒质量/g	采样后样品盒质量/g	采样起始时间/（m，d，h，min）	采样结束时间/（m，d，h，min）	氡浓度/（Bq/m^3）	备注

填表人：　　　　　　　　　校核人：　　　　　　　　　审核人：

附实训表 9-2　活性炭盒法测定室内空气中氡的技能考核标准

序号	内容	操作	考核记录	评分	
				分值	得分
1	仪器设备和试剂材料的准备	1．制备采样盒		10	
2		2．γ能谱仪		5	
3		3．天平		5	
4	采样	1．采样操作		10	
5		2．采样环境记录		5	
6	样品测定	1．按仪器或软件说明书进行能量刻度并用标准样品对仪器稳定性进行质量控制		20	
7		2．正确录入采样信息		5	
8	计算	1．正确选择氡子体特征γ射线峰（或峰群）		20	
9		2．样品结果计算		10	
10		3．检测结果符合性		10	
总得分				100	

评分人（签字）：　　　　　　　　　日期：
核分人（签字）：　　　　　　　　　日期：

实训项目 10 闪烁瓶法测定室内空气中的氡

一、目的

理解闪烁瓶法测定室内空气中氡的原理，掌握室内空气中氡的闪烁瓶测定方法，了解闪烁瓶的仪器构造，掌握闪烁瓶的使用和操作方法。

二、原理

闪烁瓶是一种氡探测器和采样容器。由不锈钢、铜或有机玻璃等低本底材料制成。外形为圆柱形或钟形，内层涂以 ZnS（Ag）粉，上部有密封的通气阀门。闪烁瓶法是将待测点的空气吸入已抽成真空态的闪烁瓶内。闪烁瓶密封避光 3 h，待含氡空气样品进入闪烁瓶中，氡及其短寿命子体平衡后，测量 ^{222}Rn、^{218}Po 和 ^{214}Po 衰变时放射出的α粒子。它们入射到闪烁瓶的 ZnS（Ag）涂层，使 ZnS（Ag）发光，经光电倍增管收集并转变成电脉冲，通过脉冲放大、甄别，被定标计数线路记录。单位时间内的脉冲数与所收集空气中氡浓度成正比，得到待测空气中氡浓度。

三、仪器及设备

典型的测量装置由探头、高压电源和电子学分析记录单元组成。

（1）探头：由闪烁瓶、光电倍增管和前置单元电路组成。

① 典型的闪烁瓶简图见图 6-1。通气阀门应经过真空系统检验。接入系统后，在 1×10^3 Pa 的真空度下，经过 12 h，真空度无明显变化。底板用有机玻璃制成，其尺寸与光电倍增管的光阴极一致，接触面平坦，无明显划痕，与光电倍增管光阴极有良好的光耦合。ZnS（Ag）粉必须经去钾提纯处理，使其对本底的贡献保持在最低水平。在整个取样测量期间，闪烁瓶的漏气量必须小于采样量的 5%。测量室外空气中氡浓度时，闪烁瓶容积应大于 0.5×10^{-3} m³。

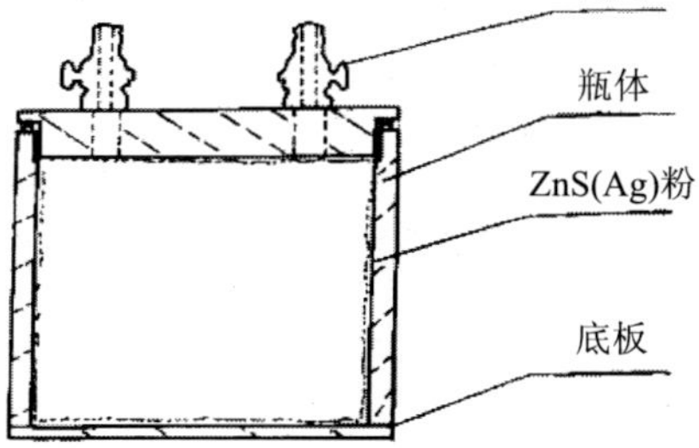

图 6-1 闪烁瓶

② 必须选择低噪声、高放大倍数的光电倍增管，工作电压低于 1 000 V。

③ 前置单元电路应是深反馈放大器，输出脉冲幅度为 0.1～10 V。

④ 探头外壳必须具有良好的光密性，材料用铜或铝制成，内表面应氧化涂黑处理，外壳尺寸应适合闪烁瓶的放置。

（2）高压电源：输出电压应在 0～3 000 V 连续可调，波纹电压不大于 0.1%，电流应不小于 100 mA。

（3）记录和数据处理系统：可用定标器和打印机，也可用多道脉冲幅度分析器和 x-y 绘图仪。

四、采样和测量步骤

（1）布点：采样点要有代表性，采样点要代表待测空间的最佳采样点。记录采样器编号、采样时间、采样点的位置。

（2）采样：将抽成真空的闪烁瓶带至待测点，然后打开阀门（在高湿、高尘环境下，须经预处理去湿、去尘），约 10 s 后，关闭阀门，带回测量室待测。记录取样点的位置、温度和气压等。

（3）稳定性和本底测量：在确定的测量条件下，进行本底稳定性测定和本底测量。得出本底分布图和本底值。

（4）样品测量：将待测闪烁瓶避光保存 3 h，在确定的测量条件下进行计数测量。由要求的测量精度选择测量时间。

（5）测量后，必须及时用无氡气体清洗闪烁瓶，保持本底状态。

五、结果计算

$$c_{\mathrm{Rn}}=\frac{K_{\mathrm{s}}(n_{\mathrm{c}}-n_{\mathrm{b}})}{V(1-e^{\lambda t})}$$

式中：c_{Rn} —— 刻度所需 $^{222}\mathrm{Rn}$ 的浓度，Bq/m^3；

K_{s} —— 刻度因子，Bq/cpm；

n_{c}，n_{b} —— 分别表示样品和本底的计数率，cpm；

V —— 刻度系统的体积，m^3；

λ —— $^{222}\mathrm{Rn}$ 的衰变常数，0.181 3，1/d；

t —— 样品封存时间，d。

附实训表 10-1　闪烁瓶法测定室内空气中氡的数据记录表

样品名称：　　方法依据：　　仪器编号：
仪器型号：　　采样时间：　　采样点位置：
温度：　　压力：　　分析日期：

计算公式：$c_{Rn}=\dfrac{K_s(n_c-n_b)}{V(1-e^{\lambda t})}$

样品测定次数	1	2	3	平均值
样品的计数率 n_c/cpm				
本底的计数率 n_b/cpm				
刻度系统的体积 V/m^3				
样品封存时间 t/d				
^{222}Rn 的浓度/（Bq/m^3）				

填表人：　　校核人：　　审核人：

附实训表 10-2　闪烁瓶法测定室内空气中氡的技能考核标准

序号	内容	操作	考核记录	评分	
				分值	得分
1	仪器和设备的准备	1．探头		6	
2		2．高压电源		6	
3		3．记录和数据处理系统		6	
4	采样	1．采样过程		10	
5		2．闪烁瓶的使用和操作		8	
6		3．采样保存		8	
7		4．采样环境记录		8	
8	样品测定	1．本底值和分布曲线		8	
9		2．样品测量		8	
10	计算	1．刻度因子		8	
11		2．氡的浓度		16	
12		3．测定结果的准确度		8	
总得分				100	

评分人（签字）：　　日期：
核分人（签字）：　　日期：

复习与思考题

1．样品检测时氡子体特征γ射线峰（或峰群）应如何选择？

2．空气中氡浓度的闪烁瓶测定方法中，对刻度装置有何要求？真空度变化为何小于 2×10^2 Pa？

第七章 室内空气中菌落总数的测定

微生物指标是评价室内空气质量的重要标准。空气中微生物质量的好坏往往以菌落总数指标来衡量。国家标准《室内空气质量标准》（GB/T 18883—2002）规定，室内空气中细菌菌落总数的限值为 2 500 cfu/m³。

根据采样技术的不同，目前室内空气中菌落总数的测定方法有两种，一种是撞击法，另一种是自然沉降法。欧美国家对空气微生物的监测多使用圆形喷口的撞击法作为采样技术，采集悬浮在空气中的微生物尘粒（0.65～7 μm），而这种微生物尘粒能进入人体呼吸道，因此捕获这段粒径的微生物具有重要的卫生学意义，被发达国家广泛应用；但此种采样器价格较昂贵，国内常采用自然沉降法。近年来，撞击法因能采集悬浮在空气中的微生物颗粒，并不受环境气流影响，采样量准确，灵敏度高，其采集空气样品更合理、稳定、科学，故在国内已开始推广用此法监测空气中的菌落总数。

实训项目 11“撞击法测定室内空气中的菌落总数”，根据国家标准《室内空气质量标准》（GB/T 18883—2002）的附录 D 设计。

实训项目 11　撞击法测定室内空气中的菌落总数

一、目的

理解撞击式空气微生物采样器的采样原理，掌握室内空气中菌落总数的测定方法，学会撞击式空气微生物采样器、高压蒸汽灭菌器、恒温培养箱的使用和操作。

二、定义

撞击法是采用撞击式空气微生物采样器采样，通过抽气动力作用，使空气通过狭缝或小孔而产生高速气流，使悬浮在空气中的带菌粒子撞击到营养琼脂平板上，经 37℃、48 h 培养后，计算出每立方米空气中所含细菌菌落数的采样测定方法。

三、仪器和设备

（1）高压蒸汽灭菌器。

（2）干热灭菌器。

（3）恒温培养箱。

（4）冰箱。

（5）平皿（直径 5 cm）。

（6）制备培养基用一般设备：量筒，三角烧瓶，pH 计或精密 pH 试纸等。

（7）撞击式空气微生物采样器。

采样器的基本要求：对空气中细菌捕获率达 95%；操作简单，携带方便，性能稳定，便于消毒。

四、营养琼脂培养基

1. 成分

蛋白胨 20 g；牛肉浸膏 3 g；氯化钠 5 g；琼脂 15～20 g；蒸馏水 1 000 mL。

2. 制法

将上述各成分混合，加热溶解，校正 pH 至 7.4，过滤分装，121℃、20 min 高压灭菌。参照采样器使用说明制备营养琼脂平板。

五、操作步骤

1. 选择有代表性的房间和位置设置采样点。将采样器消毒，按仪器使用说明进行采样。一般情况下采样量为 30～150 L，应根据仪器性能和室内空气微生物污染程度，酌情增加或减少空气采样量。

2. 样品采完后，将带菌营养琼脂平板置 36±1℃恒温箱中，培养 48 h，记录菌落数，并根据采样器的流量和采样时间，换算成每立方米空气中的菌落数。以 cfu/m^3 报告结果。

计算公式如下：

$$c = \frac{N}{Q_s t} \times 1\,000$$

式中：c —— 空气菌落总数，cfu/m^3；

N —— 平皿菌落数，cfu；

Q_s —— 标准状况下采样流量，L/min；

t —— 采样时间，min。

六、注意事项

（1）配制平皿试验台需使用水平仪提前校正，保证加注培养基后平皿内琼脂厚度均匀，厚度不均将影响撞击和旋转。

（2）加注平皿培养基必须无菌操作，预防污染。

（3）采样器监测头消毒后，连续监测可不消毒，但更换新监测点时，必须消毒方可继续工作。

（4）采样位置避开空气流动大的地方，如敞开的门或窗附近，以防影响实际监测结果。

（5）为避免在一些监测环境下培养基表面干燥，影响微生物生长，每个平皿取样时间不可超过 12 min（以 10 min 为宜）。

（6）样品采完后注意无菌操作。

附实训表 11-1　撞击法测定室内空气中菌落总数的数据记录表

监测日期：　　　　　　　　　　　　　　方法依据：

培养温度：　　　　　　　　　　　　　　计算公式：

分析编号	样品编号	每个平皿菌落数/cfu							空气菌落总数/（cfu/m³）
		0	1	2	3	4	5	平均数	

备注：

填表人：　　　　　　　　　　校核人：　　　　　　　　　　审核人：

附实训表 11-2　撞击法测定室内空气中菌落总数的技能考核标准

序号	内容	操作	考核记录	评分	
				分值	得分
1	仪器设备和试剂材料的准备	1．高压蒸汽灭菌器的使用和操作		5	
2		2．营养琼脂平板的制备		10	
3		3．恒温培养箱的使用和操作		10	
4	采样	1．采样器监测头消毒		10	
5		2．采样操作		10	
6		3．采样环境记录		5	
7	样品测定	1．取样		5	
8		2．样品测量（报告结果）		10	

序号	内容	操作	考核记录	评分	
				分值	得分
9	计算	1．菌落数的计算		10	
10		2．标准状况下采样流量换算		5	
11		3．测定结果计算及表示		10	
12		4．测定结果符合性		10	
总得分				100	

评分人（签字）： 日期：

核分人（签字）： 日期：

复习与思考题

1. 应采取哪些措施以确保加注后的平皿无污染？
2. 对撞击法空气微生物采样点有何基本要求？
3. 怎样制备培养基？培养基有何作用？

第八章 综合实训项目

实训项目 12　学校教学楼室内环境检测

一、实训目的

1. 通过对学校教学楼室内环境的检测，让学生将学到的室内污染物检测的知识和技能综合地运用于实际工作中，掌握制定室内空气检测方案的方法。

2. 掌握室内空气主要污染物的布点、采样和检测，以及误差分析和数据处理等方法和技能。

3. 通过对学校教学楼室内环境的检测，了解学校教学楼室内空气质量现状，并判断室内空气质量是否符合国家有关环境标准的要求，并为学校教学楼室内空气污染的治理提供依据。

4. 培养学生分工合作、互相配合、团结协作的精神，锻炼实际操作技能，提高综合分析和处理实际问题的能力。

二、检测项目和检测方法

1. 检测项目

检测项目包括氨、甲醛、苯、TVOC 和氡等，可根据教学楼教室、办公室、实验室的具体情况和条件，选择其中的一项或几项指标进行检测分析。

2. 检测方法

检测方法使用国家标准《室内空气质量标准》（GB/T 18883）规定的方法，同时使用便携式甲醛检测仪、TVOC 检测仪和氡检测仪进行现场检测，并对这两类检测方法进行比较。现场使用便携式仪器检测的优点是方便、快速、操作简单，但是准确定量有一定难度，可以用于判断环境空气中污染物浓度的范围。必要时要用实验室的检测方法准确定量，作为仲裁与鉴定的依据。

三、实训步骤

1. 采样点布设

（1）根据教室的设施和装修不同（如实验室、电脑室、多媒体教室、一般教室和教师办公室等）分别选择 1～2 间具有代表性的教室、实验室或办公室进行检测。

（2）采样点的数量根据教室、实验室或办公室面积大小确定，以期能正确反映室内空气污染物的水平。原则上小于 50 m^2 的房间应设 1～3 个点；50～100 m^2 设 3～5 个点；100 m^2 以上至少设 5 个点。在对角线上或梅花式均匀分布。

（3）采样点应避开通风口，离墙壁距离应大于 0.5 m。

（4）采样点的高度原则上与人的呼吸带高度相一致。

2. 采样时间

采样前至少关闭门窗和空调 12 h。

3. 采样和检测

根据国家标准《室内空气质量标准》（GB/T 18883）规定，确定合适的采样仪器、采样方法和测定方法。

4. 数据处理

（1）记录和报告：检测时要对现场情况、各种污染源、采样日期、时间、地点、数量、布点方式、大气压力、气温、相对湿度以及检测者签字等做出详细记录。

（2）分析结果的表示：分析结果可按附表 12-2 进行统计。

四、结果讨论

根据检测结果，对照国家标准《室内空气质量标准》（GB/T 18883），对教学楼各类教室、实验室和办公室的空气质量进行评价，推断污染物的来源，并提出改进的建议。

五、要求学生完成的工作

（1）制定教学楼教室、实验室或办公室室内空气检测方案（包括采样布点、采样时间、样品保存和分析方法等）。

（2）选择空气采样设备，选择样品分析中使用的仪器、试剂及其纯度、试剂的配制方法、浓度。

（3）完成空气样品的采集、预处理和分析测试。

（4）对教学楼教室、实验室或办公室的室内空气质量进行简单的评价。

附实训表 12-1 学校教学楼室内环境检测项目及分析方法

检测项目	采样方法	流量/（L/min）	采气量/L	分析方法	检测下限/（mg/m^3）
氨					
甲醛					
苯					
TVOC					
氡/（Bg/m^3）					

填表人：　　　　　　　　　校核人：　　　　　　　　　审核人：

附实训表 12-2 学校教学楼室内环境检测记录表

检测地点：　　　　　　　　　　　　　　　检测日期：

检测点浓度 / 检测项目	c_1/（mg/m^3）	c_2/（mg/m^3）	c_3/（mg/m^3）	c_4/（mg/m^3）	c_5/（mg/m^3）	平均浓度
氨						
甲醛						
苯						
TVOC						
氡/（Bg/m^3）						

填表人：　　　　　　　　　校核人：　　　　　　　　　审核人：

附实训表 12-3 学校教学楼室内环境检测技能考核标准

序号	内容	操作	考核记录	评分	
				分值	得分
1	采样	1．布点		3	
2		2．大气采样器的使用和操作		3	
3		3．采样流量控制		2	
4		4．采样环境记录		2	
5	氨的测定	靛酚蓝分光光度法测定氨		10	
6	甲醛的测定	1．酚试剂分光光度法测定甲醛		10	
7		2．便携式甲醛检测仪的使用和操作，检测结果单位的换算		10	
8	苯的测定	二硫化碳提取气相色谱法测定苯		10	
9	TVOC 的测定	1．热解吸气相色谱法测定 TVOC		10	
10		2．便携式 TVOC 检测仪的使用和操作，检测结果单位的换算		10	

序号	内容	操作	考核记录	评分	
				分值	得分
11	氡的测定	1．活性炭盒法测定氡		10	
12		2．便携式氡检测仪的使用和操作		10	
13	结果讨论	1．化学法和仪器法测定的比较		2	
14		2．室内空气质量评价		5	
15		3．分析判断污染物的来源，并提出治理和改进的建议		3	
总得分				100	

检测项目	氨	甲醛	苯	TVOC	氡/（Bg/m^3）
浓度/（mg/m^3）					
超标倍数					

评分人（签字）： 日期：

核分人（签字）： 日期：

实训项目 13 汽车内环境检测

一、实训目的

（1）通过对汽车内环境的检测，让学生将学到的室内污染物检测的知识和技能综合地运用于实际工作中，掌握制定汽车内空气检测方案的方法。

（2）掌握汽车内环境中主要污染物的布点、采样和检测，以及误差分析和数据处理等方法和技能。

（3）通过对汽车内环境的检测，了解汽车内空气质量现状，并判断汽车内空气质量是否符合国家有关环境标准的要求，为汽车内空气污染的治理提供依据。

（4）培养学生分工合作、互相配合、团结协作的精神，锻炼实际操作技能，提高综合分析和处理实际问题的能力。

二、检测项目和检测方法

1．检测项目

选择不同车型和车龄的机动车，进行汽车内空气污染物甲醛、苯、TVOC 等污染物的检测，可根据汽车内装饰的具体情况和条件，选择其中的一项或几项指标进行检测分析。

汽车检测前建议将车辆清洗，但车内清洗不可用化学剂，如打蜡、空气清新剂、仪表保养剂等。汽车检测前一天需将车内的香水座等化学装饰物品撤离。

2. 检测方法

国家标准《车内挥发性有机物和醛酮类物质采样测定方法》（HJ/T 400—2007）对于检测环境要求较高，需要在采样环境试验舱中进行，以达到温度、湿度、气流速度和环境污染背景浓度的要求。适合于新车下线后汽车车内空气质量检测。

本实训项目以训练学生室内空气污染物检测的操作技能为目的，因此，检测方法使用国家标准《室内空气质量标准》（GB/T 18883）规定的方法，同时使用便携式甲醛检测仪和 TVOC 检测仪进行现场检测，并对这两类检测方法进行比较。

三、实训步骤

1. 采样点布设

按照国家标准《车内挥发性有机物和醛酮类物质采样测定方法》（HJ/T 400—2007）规定，实施采样时，受检车辆的采样环境应满足 4 个条件，即：环境温度 25℃，误差在 1℃以内；环境相对湿度 50%，误差在 10%以内；环境气流速度小于或等于 0.3 m/s；环境污染背景浓度值甲苯小于或等于 0.02 mg/m^3、甲醛小于或等于 0.02 mg/m^3。同时，在规定的环境条件下，受检车辆处于静止状态，车辆的门、窗、乘员舱进风口风门、发动机和所有其他设备（如空调）均处于关闭状态。这就意味着，采样必须要在严格的专业空间内进行。标准的主要控制对象，是车辆在静止状态下由于车内构件材料和装饰材料造成的空气污染，不包括汽车发动和行驶时，尾气进入车内引起的车内污染。

本实训项目检测点的设置参照国家标准《车内挥发性有机物和醛酮类物质采样测定方法》（HJ/T 400—2007），每台车内设置一个检测点，位于前排座椅头枕连线的中点。车内温度在 20～30℃。

2. 采样时间

采样一般在汽车静止时关闭汽车门窗 1 小时后进行。

3. 采样和检测

根据国家标准《室内空气质量标准》（GB/T 18883）规定，确定合适的采样仪器、采样方法和测定方法。

4. 数据处理

（1）记录和报告：检测时要对现场情况、各种污染源、采样日期、时间、地点、数量、布点方式、大气压力、气温、相对湿度以及检测者签字等做出详细记录。

（2）分析结果的表示：分析结果可按附表 13-2 进行统计。

四、结果讨论

由于尚无汽车车内空气污染浓度限值的国家标准，在本实训项目中，我们参照国家标准《室内空气质量标准》（GB/T 18883—2002）中的标准值，作为各项污染物是否超标的判据。国家标准《室内空气质量标准》(GB/T 18883—2002)中甲醛的标准值是 0.1 mg/m^3，TVOC 的标准值是 0.6 mg/m^3，苯的标准值是 0.11 mg/m^3。

根据检测结果，对照国家标准《室内空气质量标准》(GB/T 18883—2002)，对汽车内的空气质量进行评价，并推断污染物的来源。汽车在静止状态下，车内污染主要是由汽车零部件和车内装饰材料中所含有害物质的释放引起的，包括座椅、顶篷等处用的胶水、纺织品、塑料和橡胶配件、油漆涂料、保温材料等各种车内装饰材料挥发出来的有毒气体。同时，提出改进汽车内空气质量的建议。

五、要求学生完成的工作

(1)制定汽车内空气检测方案(包括采样布点、采样时间、样品保存和分析方法等)。

(2)选择空气采样设备，选择样品分析中使用的仪器、试剂及其纯度、试剂的配制方法、浓度。

(3)完成空气样品的采集、预处理和分析测试。

(4)对汽车内空气质量进行简单的评价。

附实训表 13-1　汽车内环境检测项目及分析方法

检测项目	采样方法	流量/(L/min)	采气量/L	分析方法	检测下限/(mg/m^3)
甲醛					
苯					
TVOC					

填表人：　　　　　　　　　　　校核人：　　　　　　　　　　审核人：

附实训表 13-2　汽车内环境检测记录表

汽车编号：　　　　　　　　　　　　　　　　　　　　检测日期：

车主签名			车辆类型		
使用年限			行驶里程/km		
车辆内饰配置状况描述					
汽车行驶或停止状态			受检车辆封闭时间/h		
采样大气压力/kPa			检测仪器		
采样环境温度/℃	车内		采样环境相对湿度/%	车内	
	车外			车外	
检测项目		检测值/(ppm/ppb)	检测结果/(mg/m^3)	评价	
甲醛					
苯					
TVOC					

填表人：　　　　　　　　　　　校核人：　　　　　　　　　　审核人：

附实训表 13-3 汽车内环境检测技能考核标准

序号	内容	操作	考核记录	评分	
				分值	得分
1	采样	1．布点		3	
2		2．大气采样器的使用和操作		3	
3		3．采样流量控制		2	
4		4．采样环境记录		2	
5	甲醛的测定	1．酚试剂分光光度法测定甲醛		15	
6		2．便携式甲醛检测仪的使用和操作，检测结果单位的换算		15	
7	苯的测定	二硫化碳提取气相色谱法测定苯		20	
8	TVOC 的测定	1．热解吸气相色谱法测定 TVOC		15	
9		2．便携式 TVOC 检测仪的使用和操作，检测结果单位的换算		15	
10	结果讨论	1．化学法和仪器法测定的比较		2	
11		2．室内空气质量评价		5	
12		3．分析判断污染物的来源，并提出治理和改进的建议		3	
总得分				100	

检测项目	甲醛	苯	TVOC
浓度/（mg/m^3）			
超标倍数			

评分人（签字）：　　　　　　日期：

核分人（签字）：　　　　　　日期：

附录

附录1 室内空气质量标准（GB/T 18883—2002）

1 范围

本标准规定了室内空气质量参数及检验方法。

本标准适用于住宅和办公建筑物，其他室内环境可参照本标准执行。

2 规范性引用文件

下列文件中的条款通过本标准的引用而成为本标准的条款。凡是注日期的引用文件，其随后所有的修改单（不包括勘误的内容）或修订版均不适用于本标准，然而，鼓励根据本标准达成协议的各方研究是否可使用这些文件的最新版本。凡是不注日期的引用文件，其最新版本适用于本标准。

GB/T 9801　空气质量 一氧化碳的测定　非分散红外法

GB/T 11737　居住区大气中苯、甲苯和二甲苯卫生检验标准方法　气相色谱法

GB/T 12372　居住区大气中二氧化氮检验标准方法　改进的 Saltzman 法

GB/T 14582　环境空气中氡的标准测量方法

GB/T 14668　空气质量　氨的测定　纳氏试剂比色法

GB/T 14669　空气质量　氨的测定　离子选择电极法

GB 14677　空气质量　甲苯、二甲苯、苯乙烯的测定　气相色谱法

GB/T 14679　空气质量　氨的测定　次氯酸钠-水杨酸分光光度法

GB/T 15262　环境空气　二氧化硫的测定　甲醛吸收-副玫瑰苯胺分光光度法

GB/T 15435　环境空气　二氧化氮的测定　Saltzman 法

GB/T 15437　环境空气　臭氧的测定　靛蓝二磺酸钠分光光度法

GB/T 15438　环境空气　臭氧的测定　紫外光度法

GB/T 15439　环境空气　苯并[a]芘测定　高效液相色谱法

GB/T 15516　空气质量　甲醛的测定　乙酰丙酮分光光度法

GB/T 16128　居住区大气中二氧化硫卫生检验标准方法　甲醛溶液吸收-盐酸

副玫瑰苯胺分光光度法

GB/T 16129 居住区大气中甲醛卫生检验标准方法 分光光度法

GB/T 16147 空气中氡浓度的闪烁瓶测量方法

GB/T 17095 室内空气中可吸入颗粒物卫生标准

GB/T 18204.13 公共场所空气温度测定方法

GB/T 18204.14 公共场所空气湿度测定方法

GB/T 18204.15 公共场所风速测定方法

GB/T 18204.18 公共场所室内新风量测定方法

GB/T 18204.23 公共场所空气中一氧化碳测定方法

GB/T 18204.24 公共场所空气中二氧化碳测定方法

GB/T 18204.25 公共场所空气中氨测定方法

GB/T 18204.26 公共场所空气中甲醛测定方法

GB/T 18204.27 公共场所空气中臭氧测定方法

3 术语和定义

3.1 **室内空气质量参数**（indoor air quality parameter）

指室内空气中与人体健康有关的物理、化学、生物和放射性参数。

3.2 **可吸入颗粒物**（particles with diameters of 10 μm or less，PM_{10}）

指悬浮在空气中，空气动力学当量直径小于等于 10 μm 的颗粒物。

3.3 **总挥发性有机化合物**（total volatile organic compounds，TVOC）

利用 Tenax-GC 或 Tenax-TA 采样，非极性色谱柱（极性指数小于 10）进行分析，保留时间在正己烷和正十六烷之间的挥发性有机化合物。

3.4 **标准状态**（normal state）

指温度为 273 K，压力为 101.3 kPa 时的干物质状态。

4 室内空气质量标准

（1）室内空气应无毒、无害、无异常嗅味。

（2）室内空气质量标准见附表 1-1。

附表 1-1　室内空气质量标准

序号	参数类别	参数	单位	标准值	备注
1	物理性	温度	℃	22～28	夏季空调
				16～24	冬季采暖
2		相对湿度	%	40～80	夏季空调
				30～60	冬季采暖
3		空气流速	m/s	0.3	夏季空调
				0.2	冬季采暖
4		新风量	m^3/（h·人）	30 [a]	
5	化学性	二氧化硫（SO_2）	mg/m^3	0.50	1 h 均值
6		二氧化氮（NO_2）	mg/m^3	0.24	1 h 均值
7		一氧化碳（CO）	mg/m^3	10	1 h 均值
8		二氧化碳（CO_2）	%	0.10	日均值
9		氨（NH_3）	mg/m^3	0.20	1 h 均值
10		臭氧（O_3）	mg/m^3	0.16	1 h 均值
11		甲醛（HCHO）	mg/m^3	0.10	1 h 均值
12		苯（C_6H_6）	mg/m^3	0.11	1 h 均值
13		甲苯（C_7H_8）	mg/m^3	0.20	1 h 均值
14		二甲苯（C_8H_{10}）	mg/m^3	0.20	1 h 均值
15		苯并[a]芘[B（a）P]	ng/m^3	1.0	日均值
16		可吸入颗粒物（PM_{10}）	mg/m^3	0.15	日均值
17		总挥发性有机物（TVOC）	mg/m^3	0.60	8 h 均值
18	生物性	菌落总数	cfu/m^3	2 500	依据仪器定 [b]
19	放射性	氡（^{222}Rn）	Bq/m^3	400	年平均值（行动水平 [c]）

a. 新风量要求不小于标准值，除温度、相对湿度外的其他参数要求不大于标准值。

b. 见附录 D。

c. 行动水平即达到此水平建议采取干预行动以降低室内氡浓度。

5 室内空气质量检验

（1）室内空气中各种参数的监测技术见附录 A。（略）

（2）室内空气中苯的检验方法见附录 B。（略）

（3）室内空气中总挥发性有机物（TVOC）的检验方法见附录 C。（略）

（4）室内空气中菌落总数的检验方法见附录 D。（略）

附录 2 民用建筑工程室内环境污染控制规范（GB 50325—2001 2006 年版）

1 总则

1.0.1 为了预防和控制民用建筑工程中建筑材料和装修材料产生的室内环境污染，保障公众健康，维护公共利益，做到技术先进、经济合理，制定本规范。

1.0.2 本规范适用于新建、扩建和改建的民用建筑工程室内环境污染控制，不适用于工业建筑工程、仓储性建筑工程、构筑物和有特殊净化卫生要求的房间。

注：本规范所称室内环境污染是指由建筑材料和装修材料产生的室内环境污染。民用建筑工程交付使用后，非建筑装修材料产生的室内环境污染，不属于本规范控制范围。

1.0.3 本规范控制的室内环境污染物有氡（Rn-222）、甲醛、氨、苯和总挥发性有机化合物（TVOC）。

1.0.4 民用建筑工程根据控制室内环境污染的不同要求，划分为以下两类：

Ⅰ类民用建筑工程：住宅、医院、老年建筑、幼儿园、学校教室等民用建筑工程；

Ⅱ类民用建筑工程：办公楼、商店、旅馆、文化娱乐场所、书店、图书馆、展览馆、体育馆、公共交通候车室、餐厅、理发店等民用建筑工程。

1.0.5 民用建筑工程选用的建筑材料和装修材料必须符合本规范的规定。

1.0.6 民用建筑工程室内环境污染控制除应符合本规范规定外，尚应符合国家现行的有关强制性标准的规定。

2 术语

2.0.1 民用建筑工程（civil building engineering） 本规范所指民用建筑工程是新建、扩建和改建的民用建筑结构工程和装修工程的统称。

2.0.2 环境测试舱（environmental test chamber） 模拟室内环境测试建筑材料和装修材料的污染物释放量的设备。

2.0.3 土壤表面氡析出率（radon exhalation rate from soil surface）

单位面积（m^2）上、单位时间（s）内析出的氡的放射性活度（Bq）。

2.0.4 内照射指数（internal exposure index） 内照射指数（I_{Ra}）是指建筑材料中天然放射性核素镭-226 的放射性比活度，除以本标准规定的限量 200 而得的商。

2.0.5 外照射指数（external exposure index） 外照射指数（I_{γ}）是指建筑材料中天然放射性核素镭-226、钍-232 和钾-40 的放射性比活度，分别除以其各自单独存在时本标准规定的限量而得的商之和。

$$I_{\gamma}=\frac{C_{\mathrm{Ra}}}{370}+\frac{C_{\mathrm{Th}}}{260}+\frac{C_{\mathrm{K}}}{4\,200} \tag{2.0.5}$$

式中：C_{Ra}、C_{Th}、C_{K} —— 建筑材料中天然放射性核素镭-226、钍-232 和钾-40 的放射性比活度，Bq/kg。

2.0.6 氡浓度（radon consistence） 实际测量的单位体积空气内氡的含量。

2.0.7 人造木板（wood-based panels） 以植物纤维为原料，经机械加工分离成各种形状的单元材料，再经组合并加入胶黏剂压制而成的板材，包括胶合板、纤维板、刨花板等。

2.0.8 饰面人造木板（decorated wood-based panels） 以人造木板为基材，经涂饰或复合装饰材料面层后的板材。

2.0.9 水性涂料（water based coatings） 以水为稀释剂的涂料。

2.0.10 水性胶黏剂（water based adhesives） 以水为稀释剂的胶黏剂。

2.0.11 水性处理剂（water based treatment agents） 以水作为稀释剂，能浸入建筑材料和装修材料内部，提高其阻燃、防水、防腐等性能的液体。

2.0.12 溶剂型涂料（solvent-thinned coatings） 以有机溶剂作为稀释剂的涂料。

2.0.13 溶剂型胶黏剂（solvent-thinned adhesives） 以有机溶剂作为稀释剂的胶黏剂。

2.0.14 游离甲醛释放量（content of released formaldehyde） 在环境测试舱法或干燥器法的测试条件下，材料释放游离甲醛的量。

2.0.15 游离甲醛含量（content of free formaldehyde） 在穿孔法的测试条件下，材料单位质量中含有游离甲醛的量。

3 材料

3.1 无机非金属建筑主体材料和装修材料

3.1.1 民用建筑工程使用的砂、石、砖、水泥、商品混凝土、混凝土预制构件和新型墙体材料等无机非金属建筑主体材料，其放射性指标限量应符合附表 2-1 的规定。

附表 2-1 无机非金属建筑材料放射性指标限量

测定项目	限量
内照射指数（I_{Ra}）	≤1.0
外照射指数（I_{γ}）	≤1.0

3.1.2 民用建筑工程使用的无机非金属装修材料，包括石材、建筑卫生陶瓷、石膏板、吊顶材料、无机瓷质砖黏结剂等，进行分类时，其放射性指标限量应符合附表 2-2 的规定。

附表 2-2 无机非金属装修材料放射性指标限量

测定项目	限量	
	A	B
内照射指数（I_{Ra}）	≤1.0	≤1.3
外照射指数（I_{γ}）	≤1.3	≤1.9

3.1.3 空心率大于 25%的建筑材料，其天然放射性核素镭-226、钍-232、钾-40 的放射性比活度应同时满足内照射指数（I_{Ra}）不大于 1.0、外照射指数（I_{γ}）不大于 1.3。

3.1.4 建筑主体材料和装修材料放射性指标的测试方法应符合现行国家标准《建筑材料放射性核素限量》（GB 6566）的规定。

3.2 人造木板及饰面人造木板

3.2.1 民用建筑工程室内用人造木板及饰面人造木板，必须测定游离甲醛含量或游离甲醛释放量。

3.2.2 人造木板及饰面人造木板，应根据游离甲醛含量或游离甲醛释放量限量划分为 E_1 类和 E_2 类。

3.2.3 当采用环境测试舱法测定游离甲醛释放量，并依此对人造木板进行分类时，其限量应符合附表 2-3 的规定。

附表 2-3 环境测试舱法测定游离甲醛释放量分类限量

类别	限量/（mg/m^3）
E_1	≤0.12

3.2.4 当采用穿孔法测定游离甲醛含量，并依此对人造木板进行分类时，其限量应符合附表 2-4 的规定。

附表 2-4 穿孔法测定游离甲醛含量分类限量

类别	限量/（mg/100 g，干材料）
E_1	≤9.0
E_2	＞9.0，≤30.0

3.2.5 当采用干燥器法测定游离甲醛释放量，并依此对人造木板进行分类时，其限量应符合附表 2-5 的规定。

附表 2-5　干燥器法测定游离甲醛释放量分类限量

类别	限量/（mg/L）
E_1	≤1.5
E_2	＞1.5，≤5.0

3.2.6 饰面人造木板可采用环境测试舱法或干燥器法测定游离甲醛释放量，当发生争议时应以环境测试舱法的测定结果为准；胶合板、细木工板宜采用干燥器法测定游离甲醛释放量；刨花板、中密度纤维板等宜采用穿孔法测定游离甲醛含量。

3.2.7 环境测试舱法，宜按本规范附录 A 进行。

3.2.8 穿孔法及干燥器法，应符合国家标准《人造板及饰面人造板理化性能试验方法》（GB/T 17657—1999）的规定。

3.3 涂料

3.3.1 民用建筑工程室内用水性涂料，应测定挥发性有机化合物（VOCs）和游离甲醛的含量，其限量应符合附表 2-6 的规定。

附表 2-6　室内用水性涂料中挥发性有机化合物（VOCs）和游离甲醛限量

测定项目	限量
VOCs/（g/L）	≤200
游离甲醛/（g/kg）	≤0.1

3.3.2 民用建筑工程室内用溶剂型涂料，应按其规定的最大稀释比例混合后，测定挥发性有机化合物（VOCs）和苯的含量，其限量应符合附表 2-7 的规定。

附表 2-7　室内用溶剂型涂料中挥发性有机化合物（VOCs）和苯限量

涂料名称	VOCs/（g/L）	苯/（g/kg）
醇酸漆	≤550	≤5
硝基清漆	≤750	≤5
聚氨酯漆	≤700	≤5
酚醛清漆	≤500	≤5
酚醛磁漆	≤380	≤5
酚醛防锈漆	≤270	≤5
其他溶剂型涂料	≤600	≤5

3.3.3 聚氨酯漆测定固化剂中游离甲苯二异氰酸酯（TDI）的含量后，应按其规定的最小稀释比例计算出聚氨酯漆中游离甲苯二异氰酸酯（TDI）含量，且不应

大于 7 g/kg。测定方法应符合国家标准《气相色谱测定氨基甲酸酯预聚物和涂料溶液中未反应的甲苯二异氰酸酯（TDI）单体》（GB/T 18446—2001）的规定。

3.3.4 水性涂料中总挥发性有机化合物（VOCs）、游离甲醛含量的测定方法，宜按国家标准《室内装饰装修材料 内墙涂料中有害物质限量》（GB 18582—2001）附录 A、附录 B 的方法进行。

3.3.5 溶剂型涂料中挥发性有机化合物（VOCs）、苯含量测定方法，宜按本规范附录 C 进行。

3.4 胶黏剂

3.4.1 民用建筑工程室内用水性胶黏剂，应测定其挥发性有机化合物（VOCs）和游离甲醛的含量，其限量应符合附表 2-8 的规定。

附表 2-8 室内用水性胶黏剂中挥发性有机化合物（VOCs）和游离甲醛限量

测定项目	限量
VOCs/（g/L）	≤50
游离甲醛/（g/kg）	≤1

3.4.2 民用建筑工程室内用溶剂型胶黏剂，应测定其挥发性有机化合物（VOCs）和苯的含量，其限量应符合附表 2-9 的规定。

附表 2-9 室内用溶剂型胶黏剂中挥发性有机化合物（VOCs）和苯限量

测定项目	限量
VOCs/（g/L）	≤750
苯/（g/kg）	≤5

3.4.3 聚氨酯胶黏剂应测定游离甲苯二异氰酸酯（TDI）的含量，并不应大于 10 g/kg，测定方法可按国家标准《气相色谱测定氨基甲酸酯预聚物和涂料溶液中未反应的甲苯二异氰酸酯（TDI）单体》（GB/T 18446—2001）进行。

3.4.4 水性胶黏剂中挥发性有机化合物（VOCs）、游离甲醛含量的测定方法，宜按国家标准《室内装饰装修材料 内墙涂料中有害物质限量》（GB 18582—2001）附录 A、附录 B 的方法进行。

3.4.5 溶剂型胶黏剂中挥发性有机化合物（VOCs）、苯含量测定方法，应符合本规范附录 C 的规定。

3.5 水性处理剂

3.5.1 民用建筑工程室内用水性阻燃剂（包括防火涂料）、防水剂、防腐剂等水性处理剂，应测定挥发性有机化合物（VOCs）和游离甲醛的含量，其限量应符合附表 2-10 的规定。

附表 2-10 室内用水性处理剂中挥发性有机化合物（VOCs）和游离甲醛限量

测定项目	限量
VOCs/（g/L）	≤200
游离甲醛/（g/kg）	≤0.5

3.5.2 水性处理剂中挥发性有机化合物（VOCs）、游离甲醛含量的测定方法，宜按国家标准《室内装饰装修材料　内墙涂料中有害物质限量》（GB 18582—2001）附录 A、附录 B 的方法进行。

4 工程勘察设计

4.1 一般规定

4.1.1 新建、扩建的民用建筑工程设计前，应进行建筑工程所在城市区域土壤中氡浓度或土壤表面氡析出率调查。未进行过土壤中氡浓度或土壤表面氡析出率区域测定的，必须进行建筑场地土壤中氡浓度的测定或土壤氡析出率测定，并提供相应的检测报告。

4.1.2 民用建筑工程设计必须根据建筑物的类型和用途，选用符合本规范规定的建筑材料和装修材料。

4.1.3 民用建筑工程的室内通风设计，应符合国家现行标准《采暖通风与空气调节设计规范》（GB 50019—2003）和《民用建筑设计通则》（GB 50352—2005）的有关规定。

4.2 工程地点土壤中氡浓度调查及防氡

4.2.1 新建、扩建的民用建筑工程的工程地质勘察报告，应包括工程所在城市区域土壤氡浓度或土壤表面氡析出率测定历史资料，及土壤氡浓度或土壤表面氡析出率平均值数据。

4.2.2 已进行过土壤中氡浓度或土壤表面氡析出率区域测定的民用建筑工程，当土壤氡浓度测定结果平均值不大于 10 000 Bq/m^3 或土壤表面氡析出率测定结果平均值不大于 0.01 Bq/（m^2・s）时，且工程场地所在地点不存在地质断裂构造，可不再进行土壤氡浓度测定；其他情况均应进行工程场地土壤氡浓度或土壤表面氡析出率测定。

4.2.3 当民用建筑工程场地土壤氡浓度不大于 20 000 Bq/m³ 或土壤表面氡析出率不大于 0.05 Bq/（m²・s）时，可不采取防氡工程措施。

4.2.4 当民用建筑工程场地土壤氡浓度测定结果大于 20 000 Bq/m³，且小于 30 000 Bq/m³ 或土壤表面氡析出率大于 0.05 Bq/（m²・s）且小于 0.1 Bq/（m²・s）时，应采取建筑物底层地面抗开裂措施。

4.2.5 当民用建筑工程场地土壤氡浓度测定结果大于或等于 30 000 Bq/m³ 且小于 50 000 Bq/m³，或土壤表面氡析出率大于或等于 0.1 Bq/（m²・s）且小于 0.3 Bq/（m²・s）时，除采取建筑物内底层地面抗开裂措施外，还必须按现行国家标准《地下工程防水技术规范》（GB 50108）中的一级防水要求，对基础进行处理。

4.2.6 当民用建筑工程场地土壤氡浓度测定结果大于或等于 50 000 Bq/m³，或土壤表面氡析出率大于或等于 0.3 Bq/（m²・s）时，除采取本规范 4.2.5 条防氡处理措施外，还应按照国家标准《新建低层住宅建筑设计与施工中氡控制导则》（GB/T 17785—1999）的有关规定，采取综合建筑构造防氡措施。

4.2.7 当Ⅰ类民用建筑工程场地土壤中氡浓度大于或等于 50 000 Bq/m³，或土壤表面氡析出率大于或等于 0.3 Bq/（m²・s）时，应进行工程场地土壤中的镭-266、钍-232、钾-40 比活度测定。当测定结果表明内照射指数（I_{Ra}）大于 1.0 或外照射指数（I_{γ}）大于 1.3 时，工程场地土壤不得作为工程回填土使用。

4.2.8 民用建筑工程场地土壤中氡浓度测定方法及土壤表面氡析出率测定方法应按本规范附录 D 进行。

4.3 材料选择

4.3.1 Ⅰ类民用建筑工程室内装修采用的无机非金属装修材料必须采用 A 类。

4.3.2 Ⅱ类民用建筑工程宜采用 A 类无机非金属建筑材料和装修材料；当 A 类和 B 类无机非金属装修材料混合使用时，应按下式计算，确定每种材料的使用和操作量：

$$\Sigma f_i \quad I_{Rai} \leqslant 1 \qquad (4.3.2\text{-}1)$$

$$\Sigma f_i \quad I_{\gamma i} \leqslant 1.3 \qquad (4.3.2\text{-}2)$$

式中：f_i —— 第 i 种材料在材料总用量中所占份额，%；

I_{Rai} —— 第 i 种材料的内照射指数；

$I_{\gamma i}$ —— 第 i 种材料的外照射指数。

4.3.3 Ⅰ类民用建筑工程的室内装修，必须采用 E_1 类人造木板及饰面人造木板。

4.3.4 Ⅱ类民用建筑工程的室内装修，宜采用 E_1 类人造木板及饰面人造木板；当采用 E_2 类人造木板时，直接暴露于空气的部位应进行表面涂敷密封处理。

4.3.5 民用建筑工程的室内装修，采用的涂料、胶黏剂、水性处理剂，其苯、游离甲醛、游离甲苯二异氰酸酯（TDI）、总挥发性有机化合物（TVOC）的含量，应符合本规范的规定。

4.3.6 民用建筑工程室内装修时，不应采用聚乙烯醇水玻璃内墙涂料、聚乙烯醇缩甲醛内墙涂料和树脂以硝化纤维素为主、溶剂以二甲苯为主的水包油型（O/W）多彩内墙涂料。

4.3.7 民用建筑工程室内装修时，不应采用 107 胶黏剂等聚乙烯醇缩甲醛胶黏剂。

4.3.8 民用建筑工程中使用的黏合木结构材料，游离甲醛释放量不应大于 0.12 mg/m^3，其测定方法应符合本规范附录 A 的规定。

4.3.9 民用建筑工程室内装修时，使用的壁布、帷幕等游离甲醛释放量不应大于 0.12 mg/m^3，其测定方法应符合本规范附录 A 的规定。

4.3.10 民用建筑工程室内装修中使用的木地板及其他木质材料，严禁采用沥青、煤焦油类防腐、防潮处理剂。

4.3.11 民用建筑工程中使用的能释放氨的阻燃剂、混凝土外加剂，氨的释放量不应大于 0.10%，测定方法应符合现行国家标准《混凝土外加剂中释放氨的限量》（GB 18588）的规定。

能释放甲醛的混凝土外加剂，其游离甲醛含量不应大于 0.5 g/kg，测定方法应符合国家标准《室内装饰装修材料　内墙涂料中有害物质限量》（GB 18582—2001）附录 B 的规定。

4.3.12 Ⅰ类民用建筑工程室内装修粘贴塑料地板时，不应采用溶剂型胶黏剂。

4.3.13 Ⅱ类民用建筑工程中，地下室及不与室外直接自然通风的房间贴塑料地板时，不宜采用溶剂型胶黏剂。

4.3.14 民用建筑工程中，不应在室内采用脲醛树脂泡沫塑料作为保温、隔热和吸声材料。

4.3.15 民用建筑工程室内装修时，使用的地毯、地毯衬垫、壁纸、聚氯乙烯卷材地板，其挥发性有机化合物及甲醛释放量均应符合相应材料的有害物质限量的国家标准规定。

5 工程施工

5.1 一般规定

5.1.1 施工单位应按设计要求及本规范的有关规定，对所用建筑材料和装修材料进行进场检验。

5.1.2 当建筑材料和装修材料进场检验，发现不符合设计要求及本规范的有关规定时，严禁使用。

5.1.3 施工单位应按设计要求及本规范的有关规定进行施工，不得擅自更改设计文件要求。当需要更改时，应经原设计单位同意。

5.1.4 民用建筑工程室内装修，当多次重复使用同一设计时，宜先做样板间，并对其室内环境污染物浓度进行检测。

5.1.5 样板间室内环境污染物浓度的检测方法，应符合本规范第六章的有关规定。当检测结果不符合本规范的规定时，应查找原因并采取相应措施进行处理。

5.2 材料进场检验

5.2.1 民用建筑工程中采用的无机非金属建筑材料和装修材料必须有放射性指标检测报告，并应符合设计要求和本规范的规定。

5.2.2 民用建筑工程室内饰面采用的天然花岗岩石材或瓷质砖使用面积大于 200 m^2 时，应对不同产品、不同批次材料分别进行放射性指标的复验。

5.2.3 民用建筑工程室内装修中采用的人造木板及饰面人造木板，必须有游离甲醛含量或游离甲醛释放量检测报告，并应符合设计要求和本规范的规定。

5.2.4 民用建筑工程室内装修中采用的某一种人造木板或饰面人造木板面积大于 500 m^2 时，应对不同产品、不同批次材料的游离甲醛含量或游离甲醛释放量分别进行复验。

5.2.5 民用建筑工程室内装修中采用的水性涂料、水性胶黏剂、水性处理剂必须有同批次产品的挥发性有机化合物（VOCs）和游离甲醛含量检测报告；溶剂型涂料、溶剂型胶黏剂必须有同批次产品的挥发性有机化合物（VOCs）、苯、游离甲苯二异氰酸酯（TDI）（聚氨酯类）含量检测报告，并应符合设计要求和本规范的规定。

5.2.6 建筑材料和装修材料的检测项目不全或对检测结果有疑问时，必须将材料送到有资格的检测机构进行检验，检验合格后方可使用。

5.3 施工要求

5.3.1 采取防氡设计措施的民用建筑工程，其地下工程的变形缝、施工缝、穿墙管（盒）、埋设件、预留孔洞等特殊部位的施工工艺，应符合现行国家标准《地下工程防水技术规范》（GB 50108）的有关规定。

5.3.2 Ⅰ类民用建筑工程当采用异地土作为回填土时，该回填土应进行镭-226、钍-232、钾-40 的比活度测定。当内照射指数（I_{Ra}）不大于 1.0 和外照射指数（I_γ）不大于 1.3 时，方可使用。

5.3.3 民用建筑工程室内装修采用的稀释剂和溶剂，严禁使用苯、工业苯、石油苯、重质苯及混苯。

5.3.4 民用建筑工程室内装修施工时，不应使用苯、甲苯、二甲苯和汽油进行除油和清除旧油漆作业。

5.3.5 涂料、胶黏剂、水性处理剂、稀释剂和溶剂等使用后，应及时封闭存放，废料应及时清出室内。

5.3.6 严禁在民用建筑工程室内用有机溶剂清洗施工用具。

5.3.7 采暖地区的民用建筑工程，室内装修施工不宜在采暖期内进行。

5.3.8 民用建筑工程室内装修中，进行饰面人造木板拼接施工时，除芯板为 E_1 类外，应对其断面及无饰面部位进行密封处理。

6 验收

6.0.1 民用建筑工程及室内装修工程的室内环境质量验收，应在工程完工至少 7 d 以后、工程交付使用前进行。

6.0.2 民用建筑工程及其室内装修工程验收时，应检查下列资料：

（1）工程地质勘察报告、工程地点土壤中氡浓度检测报告、工程地点土壤天然放射性核素镭-226、钍-232、钾-40 含量检测报告。

（2）涉及室内环境污染控制的施工图设计文件及工程设计变更文件。

（3）建筑材料和装修材料的污染物含量检测报告、材料进场检验记录、复验报告。

（4）与室内环境污染控制有关的隐蔽工程验收记录、施工记录。

（5）样板间室内环境污染物浓度检测记录（不做样板间的除外）。

6.0.3 民用建筑工程所用建筑材料和装修材料的类别、数量和施工工艺等，应符合设计要求和本规范的有关规定。

6.0.4 民用建筑工程验收时，必须进行室内环境污染物浓度检测。检测结果应符合附表 2-11 的规定。

附表 2-11　民用建筑工程室内环境污染物浓度限量

污染物	I 类民用建筑工程	II 类民用建筑工程
氡/（Bq/m^3）	≤200	≤400
甲醛/（mg/m^3）	≤0.08	≤0.12
苯/（mg/m^3）	≤0.09	≤0.09
氨/（mg/m^3）	≤0.2	≤0.5
TVOC/（mg/m^3）	≤0.5	≤0.6

注：1. 表中污染物浓度限量，除氡外均应以同步测定的室外空气相应值为空白值。

2. 表中污染物浓度测量值的极限值判定，采用全数值比较法。

6.0.5 民用建筑工程室内空气中氡的检测，所选用方法的测量结果不确定度不应大于 25%（置信度 95%），方法的探测下限不应大于 10 Bq/m³。

6.0.6 民用建筑工程室内空气中甲醛的检测方法，应符合国家标准《公共场所空气中甲醛测定方法》（GB/T 18204.26—2000）的规定。

6.0.7 民用建筑工程室内空气中甲醛检测，也可采用现场检测方法，使用的仪器在 0～0.60 mg/m³ 测定范围内的不确定度应小于 25%。当发生争议时，应以《公共场所卫生标准检验方法》（GB/T 18204.1～30—2000）中酚试剂分光光度法的测定结果为准。

6.0.8 民用建筑工程室内空气中苯的检测方法，应符合本规范附录 B 的规定。

6.0.9 民用建筑工程室内空气中氨的检测，可采用国家标准《公共场所空气中氨测定方法》（GB/T 18204.25—2000）或国家标准《空气质量　氨的测定　离子选择电极法》（GB/T 14669—93）进行测定。当发生争议时应以国家标准《公共场所空气中氨测定方法—靛酚蓝分光光度法》（GB/T 18204.25—2000）的测定结果为准。

6.0.10 民用建筑工程室内空气中总挥发性有机化合物（TVOC）的检测方法，应符合本规范附录 E 的规定。

6.0.11 民用建筑工程验收时，应抽检有代表性的房间室内环境污染物浓度，抽检数量不得少于 5%，并不得少于 3 间；房间总数少于 3 间时，应全数检测。

6.0.12 民用建筑工程验收时，凡进行了样板间室内环境污染物浓度检测且检测结果合格的，抽检数量减半，并不得少于 3 间。

6.0.13 民用建筑工程验收时，室内环境污染物浓度检测点数应按附表 2-12 设置。

附表 2-12　室内环境污染物浓度检测点数设置

房间使用面积/m²	检测点数/个
＜50	1
≥50 且＜100	2
≥100 且＜500	不少于 3
≥500 且＜1 000	不少于 5
≥1 000 且＜3 000	不少于 6
≥3 000	不少于 9

6.0.14 当房间内有 2 个及以上检测点时，应取各点检测结果的平均值作为该房间的检测值。

6.0.15 民用建筑工程验收时，环境污染物浓度现场检测点应距内墙面不小于 0.5 m、距楼地面高度 0.8～1.5 m。检测点应均匀分布，避开通风道和通风口。

6.0.16 民用建筑工程室内环境中甲醛、苯、氨、总挥发性有机物（TVOC）浓度检测时，对采用集中空调的民用建筑工程，应在空调正常运转的条件下进行；对采用自然通风的民用建筑工程，应在对外门窗关闭 1 h 后进行。

在对甲醛、氨、苯、TVOC 取样检测时，装饰装修工程中完成的固定式家具，应保持正常使用状态。

6.0.17 民用建筑工程室内环境中氡浓度检测时，对采用集中空调的民用建筑工程，应在空调正常运转的条件下进行；对采用自然通风的民用建筑工程，应在房间的对外门窗关闭 24 h 以后进行。

6.0.18 当室内环境污染物浓度的全部检测结果符合本规范的规定时，可判定该工程室内环境质量合格。

6.0.19 当室内环境污染物浓度检测结果不符合本规范的规定时，应查找原因并采取措施进行处理，并可对不合格项进行再次检测。再次检测时，抽检数量应增加 1 倍。并应包含同类型房间及原不合格房间。再次检测结果全部符合本规范的规定时，应判定为室内环境质量合格。

6.0.20 室内环境质量验收不合格的民用建筑工程，严禁投入使用。

附录 A　环境测试舱法测定材料中游离甲醛释放量。（略）

附录 B　室内空气中苯的测定。（略）

附录 C　溶剂型涂料、溶剂型胶黏剂中挥发性有机化合物（VOCs）、苯含量测定。（略）

附录 D　土壤中氡浓度及土壤表面氡析出率测定。（略）

附录 E　室内空气中总挥发性有机化合物（TVOC）的测定。（略）

附录 3　车内挥发性有机物和醛酮类物质采样测定方法（HJ/T 400—2007）

1 适用范围

本标准规定了测量机动车乘员舱内挥发性有机物和醛酮类物质的采样点设置、采样环境条件技术要求、采样方法和设备、相应的测量方法和设备、数据处理、质量保证等内容。

本标准适用于车辆静止状态下，车内挥发性有机物和醛酮类物质的采样与测量。

2 规范性引用文件

本标准内容引用了下列文件中的条款，凡是不注日期的引用文件，其最新有效版本适用于本标准。

GB/T 15089　机动车辆及挂车分类

3 术语和定义

下列术语和定义适用于本标准。

3.1 M_1、M_2、M_3、N 类车辆

采用 GB/T 15089 中的定义：

M_1 类车辆指至少有四个车轮并且用于载客的机动车辆。包括驾驶员座位在内，座位数不超过九座的载客车辆。

M_2 类车辆指至少有四个车轮并且用于载客的机动车辆。包括驾驶员座位在内座位数超过九个，且最大设计总质量不超过 5 000 kg 的载客车辆。

M_3 类车辆指至少有四个车轮并且用于载客的机动车辆。包括驾驶员座位在内座位数超过九个，且最大设计总质量超过 5 000 kg 的载客车辆。

N 类车辆指至少有四个车轮且用于载货的机动车辆。

3.2 挥发性有机组分

本标准中挥发性有机组分是指利用 Tenax 等吸附剂采集，并用极性指数小于 10 的气相色谱柱分离，保留时间在正己烷到正十六烷之间的具有挥发性的化合物的总称。

3.3 醛酮组分

本标准中醛酮组分是指利用本标准附录 C 的方法能够测出的甲醛、乙醛、丙酮、丙烯醛、丙醛、丁烯醛、丁酮、丁醛、甲基丙烯醛、苯甲醛、戊醛、甲基苯甲醛、环己酮、己醛等化合物的总称。

4 采样

4.1 采样技术要求

4.1.1 实施采样时，在本标准规定的环境条件下，受检车辆处于静止状态，车辆的门、窗、乘员舱进风口风门、发动机和所有其他设备（如空调）均处于关闭状态。

4.1.2 受检车辆所在的采样环境应满足下列条件

（1）环境温度：25.0℃±1.0℃。

（2）环境相对湿度：50%±10%。

（3）环境气流速度≤0.3 m/s。

（4）环境污染物背景浓度值：甲苯≤0.02 mg/m³、甲醛≤0.02 mg/m³。

4.2 采样点设置

4.2.1 采样点的数量按受检车辆乘员舱内有效容积大小和受检车辆具体情况而定，应能正确反映车内空气污染状况。其中：

（1）M_1 类车辆布置测量点 1 个，位于前排座椅头枕连线的中点（可滑动的前排座椅应滑到滑轨的最后位置点）。

（2）M_2 类车辆布置测量点不少于 2 个，沿车厢中轴线均匀布置。

（3）M_3 类车辆布置测量点不少于 3 个（当 M_3 类车辆为双层或绞接客车时，测量点为 6 个），沿车厢中轴线均匀布置。

（4）N 类车辆布置测量点 1 个，位于前排驾驶舱内座椅头枕连线的中点。

4.2.2 采样点的高度，与驾乘人员呼吸带高度相一致。

4.3 采样装置

4.3.1 采样环境舱

采样环境舱应符合附录 A 的规定。

4.3.2 样品采集系统

（1）样品采集系统一般由恒流气体采样器、采样导管、填充柱采样管等组成。

（2）恒流气体采样器的流量在 50～1 000 mL/min 可调，流量稳定。当用填充柱采样管调节气体流速并使用一级流量计（如一级皂膜流量计）校准流量时，流量应满足前后两次误差小于 5%的要求。

（3）采样导管应使用经处理的不锈钢管、聚四氟乙烯管或硅橡胶管，进气口固定在受检车辆乘员舱内规定的采样点位置，以适当的方式从乘员舱内引出，不破坏整车的完整性与密封性。出气口与乘员舱外的填充柱采样管连接，填充柱采样管末端与恒流气体采样器连接，示意图见附图 3-1。

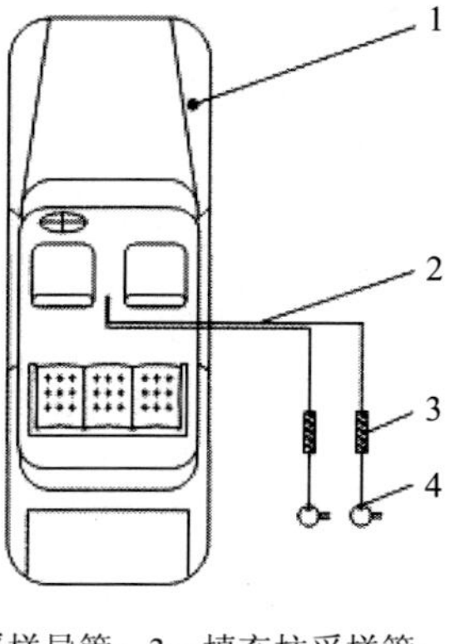

1—受检车辆；2—采样导管；3—填充柱采样管；4—恒流气体采样器

附图 3-1　样品采集示意图

（4）应保证整个样品采集系统的气密性，不得漏气。

（5）填充柱采样管应符合附录 B 和附录 C 的规定。

4.4 样品采集程序

4.4.1 受检车辆准备阶段

（1）将受检车辆放入采样环境舱中。

（2）应去除内部构件表面覆盖物（如出厂时为保护座椅、地毯等而使用的塑料薄膜），并将覆盖物移至采样环境舱外。

（3）将受检车辆可以开启的窗、门完全打开，静止放置时间不少于 6 h。

（4）整个准备阶段，至少在最后 4 h 内，采样环境舱环境条件应符合本标准 4.1.2 规定的采样技术条件要求，并采取符合本标准 6.7 规定的质量保证措施对环境条件进行监测。

4.4.2 受检车辆封闭阶段

（1）完成准备阶段后，进入封闭阶段。

（2）在受检车辆内按本标准 4.3.2 规定的要求安装好采样装置，完全关闭受检车辆所有窗、门，确保整车的密封性。

（3）将受检车辆保持封闭状态 16 h，开始进行样品采集。

（4）整个封闭阶段受检车辆所在的采样环境舱环境条件应符合本标准 4.1.2 规定的采样技术条件要求，并按本标准 6.7 的规定对环境条件进行监测。

4.4.3 样品采集阶段

在样品采集阶段，采样环境条件应满足本标准 4.1.2 规定的要求。

使用符合本标准附录 B 规定的固相吸附剂的填充柱采样管采集挥发性有机组分，使用符合本标准附录 C 规定的固相吸附剂的填充柱采样管采集醛酮组分。将填充柱采样管分别安装在样品采集系统上，使用恒流气体采样器进行样品采集。

在使用填充柱采样管采集挥发性有机组分时，采样流量 100～200 mL/min，采样时间 30 min；在使用填充柱采样管采集醛酮组分时，采样流量 100～500 mL/min，采样时间 30 min。准确记录采样体积。

采集气体总体积应不大于车内总容积的 5%。

在对车内空气进行样品采集时，应对采样环境舱中的空气同时进行样品采集。采样点位置应在距离受检车辆外表面不超过 0.5 m 的空间范围内，高度与车内采样点位置相当。

4.5 样品的运输和保存

应使用密封帽将采样管管口封闭，并用锡纸或铝箔将采样管包严，低温（＜4℃）保存与运输。保存时间不超过 30 d。

5 分析

5.1 挥发性有机组分测定方法

车内空气污染物中挥发性有机组分的测定采用热脱附/毛细管气相色谱/质谱联用法，按本标准附录 B 的规定。

5.2 醛酮组分测定方法

车内空气污染物中醛酮组分的测定采用固相吸附/高效液相色谱法，按本标准附录 C 的规定。

6 质量保证和控制

6.1 仪器要求

仪器应符合国家有关标准的技术要求，及时校准和标定，通过计量检定并在有效期内。

6.2 气密性检查

采样前应对采样系统气密性进行检查，不得漏气。

6.3 采样导管

采样导管在必要时应进行清洗或更换。

6.4 流量校准

每次采样前要用一级流量计（如一级皂膜流量计）在采样负载条件下校准采样系统的采样流量。

6.5 现场空白检验

每次采样时应至少留有 2 个采样管作为空白，并同其他采样管一样对待，作为采样过程中的现场空白，采样结束后和其他采样管一并送交实验室。样品分析时测定现场空白值，并与校准曲线的零浓度值进行比较。若异常，则这批样品作废。

6.6 平行样检验

平行采样（不少于 2 个平行样），测定值之差与算术平均值比较的相对偏差不得超过 20%。

6.7 采样环境监测

6.7.1 监测对象

受检车辆所在的采样环境条件数据包括：环境温度、环境相对湿度、环境气流速度、大气压力、环境空气中规定的单一污染物浓度（目前暂监测环境空气中的甲醛、甲苯）。

6.7.2 监测频率

在整个准备阶段的最后 4 h 内，至少应选择在阶段中期采集舱内数据 1 次或采用在线监测设施对舱内环境条件进行连续监测。

整个封闭阶段，至少应选择在阶段中期采集舱内数据 1 次或采用在线监测设施对舱内环境条件进行连续监测。

6.7.3 监测点位置

环境温度、相对湿度、污染物背景浓度监测点至少设置 1 个，位置应在距离受检车辆外表面不超过 0.5 m 的空间范围内，高度与车内采样点位置相当。

试验开始前环境气流速度监测点至少设置 5 个，稳定后至少设置 1 个。位置应在受检车辆的前部、顶部、后部、左侧、右侧，距离车身外表面不超过 0.5 m 的空间范围内。

6.8 采样体积校正

在计算浓度时应按以下公式将采样体积换算成标准状况下的体积：

$$V_0 = V \times \frac{T_0}{T} \times \frac{P}{P_0}$$

式中：V_0 —— 换算成标准状况下的采样体积，L；

V —— 采样体积，L；

T_0 —— 标准状况的绝对温度，273 K；

T —— 采样时采样点现场的温度（t，℃）与标准状况的绝对温度之和，（t + 273）K；

P_0 —— 标准状况下的大气压力，101.3 kPa；

P —— 采样时的大气压力，kPa。

6.9 采样记录

采样时要对受检车辆情况、采样日期、时间、地点、数量、大气压力、气温、相对湿度、气流速度以及采样人员等做出详细现场记录；记录采样管编号，同时在每个样品上贴上标签，标明点位编号、采样日期和时间等。采样记录随样品一同报到实验室。采样记录参见附录 D。

附录 A（规范性附录）采样环境舱。（略）

附录 B（规范性附录）挥发性有机组分测定方法。（略）

附录 C（规范性附录）醛酮组分测定方法。（略）

附录 D（资料性附录）车内挥发性有机物和醛酮类物质采样原始记录表。（略）

附录 4　室内空气监测技术

1 范围

本附录规定了室内空气监测时的选点要求、采样时间和频率、采样方法和仪器、室内空气中各种参数的检验方法、质量保证措施、测试结果和评价。

2 选点要求

（1）采样点的数量：采样点的数量根据监测室内面积大小和现场情况而确定，以期能正确反映室内空气污染物的水平。原则上小于 50 m^2 的房间应设 1～3 个点；50～100 m^2 设 3～5 个点；100 m^2 以上至少设 5 个点。在对角线上或梅花式均匀分布。

（2）采样点应避开通风口，离墙壁距离应大于 0.5 m。

（3）采样点的高度：原则上与人的呼吸带高度相一致。相对高度 0.5～1.5 m。

3 采样时间和频率

年平均浓度至少采样 3 个月，日平均浓度至少采样 18 h，8 h 平均浓度至少采样 6 h，1 h 平均浓度至少采样 45 min，采样时间应涵盖通风最差的时间段。

4 采样方法和采样仪器

根据污染物在室内空气中的存在状态，选用合适的采样方法和仪器，用于室内的采样器的噪声应小于 50 dB（A）。具体采样方法应按各个污染物检验方法中规定的方法和操作步骤进行。

（1）筛选法采样：采样前关闭门窗 12 h，采样时关闭门窗，至少采样 45 min。

（2）累积法采样：当采用筛选法采样达不到本标准要求时，必须采用累积法（按年平均、日平均、8 h 平均值）的要求采样。

5 质量保证措施

（1）气密性检查：有动力采样器在采样前应对采样系统气密性进行检查，不得漏气。

（2）流量校准：采样系统流量要能保持恒定，采样前和采样后要用一级皂膜计校准采样系统进气流量，误差不超过 5%。

采样器流量校准：在采样器正常使用状态下，用一级皂膜计校准采样器流量计的刻度，校准 5 个点，绘制流量标准曲线。记录校准时的大气压力和温度。

（3）空白检验：在一批现场采样中，应留有两个采样管不采样，并按其他样品管一样对待，作为采样过程中空白检验，若空白检验超过控制范围，则这批样品作废。

（4）仪器使用前，应按仪器说明书对仪器进行检验和标定。

（5）在计算浓度时应用下式将采样体积换算成标准状况下的体积：

$$V_0 = V \times \frac{T_0}{T} \times \frac{P}{P_0}$$

式中：V_0 —— 换算成标准状况下的采样体积，L；

V —— 采样体积，L；

T_0 —— 标准状况下的绝对温度，273 K；

T —— 采样时采样点现场的温度（t）与标准状况的绝对温度之和，（t+273）K；

P_0 —— 标准状况下的大气压力，101.3 kPa；

P —— 采样时采样点的大气压力，kPa。

（6）每次平行采样，测定之差与平均值比较的相对偏差不超过 20%。

6 检验方法

室内空气中各种参数的检验方法见附表 4-1。

附表 4-1　室内空气中各种参数的检验方法

序号	参数	检验方法	来源
1	二氧化硫（SO_2）	甲醛溶液吸收-盐酸副玫瑰苯胺分光光度法	GB/T 16128 GB/T 15262
2	二氧化氮（NO_2）	改进的 Saltzaman 法	GB 12372 GB/T 15435
3	一氧化碳（CO）	（1）非分散红外法 （2）不分光红外线气体分析法 气相色谱法 汞置换法	（1）GB/T 9801 （2）GB/T 18204.23

序号	参数	检验方法	来源
4	二氧化碳（CO_2）	（1）不分光红外线气体分析法 （2）气相色谱法 （3）容量滴定法	GB/T 18204.24
5	氨（NH_3）	（1）靛酚蓝分光光度法 纳氏试剂分光光度法 （2）离子选择电极法 （3）次氯酸钠-水杨酸分光光度法	（1）GB/T 18204.25 GB/T 14668 （2）GB/T 14669 （3）GB/T 14679
6	臭氧（O_3）	（1）紫外光度法 （2）靛蓝二磺酸钠分光光度法	（1）GB/T 15438 （2）GB/T 18204.27 GB/T 15437
7	甲醛（HCHO）	（1）AHMT 分光光度法 （2）酚试剂分光光度法 气相色谱法 （3）乙酰丙酮分光光度法	（1）GB/T 16129 （2）GB/T 18204.26 （3）GB/T 15516
8	苯（C_6H_6）	气相色谱法	（1）GB/T 18883 附录 B （2）GB 11737
9	甲苯（C_7H_8） 二甲苯（C_8H_{10}）	气相色谱法	（1）GB 11737 （2）GB 14677
10	苯并[a]芘[B(a)P]	高效液相色谱法	GB/T 15439
11	可吸入颗粒物（PM_{10}）	撞击式-称重法	GB/T 17095
12	总发挥性有机化合物（TVOC）	气相色谱法	GB/T 18883 附录 C
13	菌落总数	撞击法	GB/T 18883 附录 D
14	温度	（1）玻璃液体温度计法 （2）数显式温度计法	GB/T 18204.13
15	相对湿度	（1）通风干湿表法 （2）氯化锂湿度计法 （3）电容式数字湿度计法	GB/T 18204.14
16	空气流速	（1）热球式电风速计法 （2）数字式风速表法	GB/T 18204.15
17	新风量	示踪气体法	GB/T 18204.18
18	氡（^{222}Rn）	（1）空气中氡浓度的闪烁瓶测量方法 （2）径迹蚀刻法 （3）双滤膜法 （4）活性炭盒法	（1）GB/T 14582 （2）GB/T 16147 （3）GB/T 14582 （4）GB/T 14582

7 记录

采样时要对现场情况、各种污染源、采样日期、时间、地点、数量、布点方式、大气压力、气温、相对湿度、空气流速以及采样者签字等做出详细记录，随样品一同报到实验室。

检验时应对检验日期、实验室、仪器和编号、分析方法、检验依据、实验条件、原始数据、测试人、校核人等做出详细记录。

8 测试结果和评价

测试结果以平均值表示，化学性、生物性和放射性指标平均值符合标准值要求时，为符合本标准。如有一项检验结果未达到本标准要求时，为不符合本标准。

要求年平均、日平均、8 h 平均值的参数，可以先做筛选采样检验。若检验结果符合标准值要求，为符合本标准。若筛选采样检验结果不符合标准值要求，必须按年平均、日平均、8 h 平均值的要求，用累积采样检验结果评价。

附录 5　大气采样器流量校准方法

为了获取准确的采样体积，除了要有正确的操作方法，流量计本身的刻度值也必须准确可靠，故在使用前后应对流量计进行校准。这是保证大气环境监测数据准确性的重要一环。

大气采样器中记录气体流量的流量计一般为转子流量计，实际工作中通常采用皂膜流量计来校准大气采样器流量，方法是将皂膜流量计串联在采样系统中，以皂膜流量计的读数标定被校流量计的流量。具体如下：

（1）按附图 5-1 连接好校准系统，皂膜流量计连接在装有吸收液的吸收管进气口前面，并检查和确保系统不漏气。为避免皂液进入吸收管，在皂膜流量计及吸收管中间连接一个皂液捕集器。

（2）加皂液至皂膜流量计近支管叉口处，启动抽气泵，调节转子流量计的转子在满量程的约 20%位置。记录室温和大气压力。

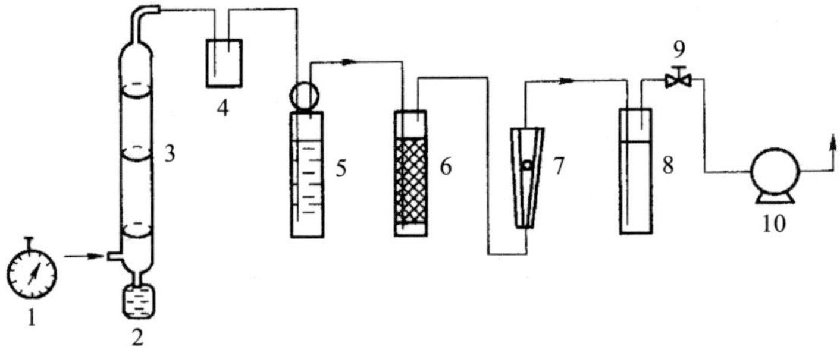

1—秒表；2—装皂液的橡皮球；3—皂膜计；4—皂液捕集器；5—吸收管；
6—干燥器；7—转子流量计；8—缓冲瓶；9—针阀；10—抽气泵

附图 5-1　用皂膜计校准采样系统中转子流量计

（3）捏一下皂膜流量计下面的橡皮球，使皂膜流量计进气口与皂液面接触，形成皂膜。气体推动皂膜缓缓上升，重复多次。

（4）调节气流使转子升至某一需校准刻度，使一个皂膜能通过整个皂膜流量计管而不破裂，用秒表记录通过皂膜流量计上下刻度线之间的时间。重复操作三次，计时误差小于±0.2 s，并记录结果。

（5）按以上方法校准转子流量计需校准的刻度点，从低流量到高流量，记录结果。

（6）计算

①用下式将皂膜流量计的体积换算成标准状况下的空气体积：

$$V_s = V_m \left(\frac{P_b - P_v}{P_s}\right) \times \left(\frac{T_s}{T_m}\right)$$

式中：V_s—— 标准状况下的空气体积，mL；

V_m—— 皂膜流量计两刻度线间的体积，mL；

P_b—— 校准时大气压力，kPa；

P_v—— 校准温度时水的饱和蒸汽压，kPa；

P_s—— 标准状况大气压力，101.3 kPa；

T_s—— 标准状况绝对温度，273K；

T_m—— 校准时的绝对温度，K。

②用下式计算标准状况下的流量：

$$Q_s\text{（mL/min）} = \frac{V_s}{\bar{\tau}} \times 60$$

式中：Q_s—— 标准状况下的空气流量，mL/min；

V_s—— 标准状况下的空气体积，mL；

$\bar{\tau}$—— 三次测定的时间均值，s。

皂膜流量计主要误差来源是时间的测量，因此要求皂膜有足够长的时间通过刻度区，用光电测量技术，可使测量皂膜通过刻度线的时间更加准确（如使用智能皂膜流量计）；皂膜上升速度不宜超过 4 cm/s，气流必须稳定；皂膜液浓度（一般用 20% 的洗洁精液）、皂膜流量计清洗液及内壁皂膜液残留量也会影响校准结果。

附录 6　便携式氨气检测仪——氨气检测仪 Z800

1 仪器技术指标和要求

（1）传感器：电化学传感器。

（2）测定范围：0～50 ppm（最大 0～200 ppm）。
（3）最小读数：0.1 ppm。
（4）精度：小于 5%。
（5）反应时间：小于 30 s。
（6）操作温度：–25～40℃。
（7）声音警报：80 dB。
（8）显示：数字显示、显示实时、平均和最大值。
（9）电池：9 V。
（10）重量：300 g。
（11）体积：120（L）×65（W）×25（H）mm。

2 仪器使用方法

（1）开机：按开关[ON-OFF]，出现“嘟”。
（2）盖好盖子，按 YES。
（3）显示“Warm up”（热机）、“Wait”（等待）。
（4）出现“嘟”声，显示“Cap Off? Press Y”，打开盖子按[YES]，自调调零，等待。
（5）显示读数。
（6）按[PEAK]显示最大值；按[15MIN AVE]显示 15 min 平均值；按[8HR AVE]显示 8 h 平均值。

3 注意事项

（1）不可以在低电压下运行，否则会影响测量的准确性。
（2）更换电池后，或者长时间不开机，会有很长的热机时间，以保证测量的准确性。
（3）为了保证传感器的寿命，请不要在高浓度下操作仪器。

附录 7　便携式甲醛检测仪——4160 甲醛分析仪

1 仪器技术指标和要求

（1）传感器：长寿命电化学传感器，可添加传感器内溶液。
（2）采样方式：泵吸式。
（3）反应时间：60 s。

（4）电源：12VDC（12VAC/DC 变换器），交直两用，采用可充电电池供电。

（5）UL 等级工业安全模式可用于有害气体作业场所。

（6）量程：0～1.00 ppm 或 0～19.99 ppm。

（7）准确度：数字显示，±2.0 读数。

（8）最小检出限：1.0 满量程。

（9）重现性：±0.5 满量程。

（10）线性度：±1.0 满量程。

（11）零点漂移：±1.0 满量程。

（12）体积：178（L）×102（W）×225（H）mm，2 kg。

（13）流量：1 L/min。

2 仪器使用方法

2.1 检查电池

使用之前，须先检查充电电池的状况。把功能开关（FUNCTION）设置到 BAT.TEST“A”，如果电池完好，则在 LCD 显示板上显示 1.00 或更高的值，可连续使用 12 h；低于 1.00 则需要充电。

把 FUNCTION 开关拧到 BAT.TEST“B”。这个位置测试分析仪放大器电池。这组碱性电池向传感器供电，无论分析仪处于开或关状态都保持在准备状态。为了安全起见，最好在 LCD 显示低于 1.00 之前更换电池。

2.2 报警设定

通常工厂把报警设定在满刻度的 50%，报警能通过下列方法被重新设定。

2.2.1 将功能开关（FUNCTION）置零（ZERO）。旋转“零”旋钮使 LCD 显示到要求的报警浓度数值。

2.2.2 顺时针调节报警设定（ALARM SET），旋转到报警灯闪亮为止。如报警值已经活动，则逆时针方向转动报警设定（ALARM SET）钮，直到报警值不动，然后顺时针转回到报警灯刚好闪亮。

2.3 仪器调零

仪器在使用前常常需要现场调零。零点调节是在 SAMPLE（取样）模式下仪器稳定运行 15 min 后，开始调零。取样空间内用 C12 型过滤器将气体过滤成零气。

2.4 检测

将采样手柄安装好，并指向被检测区域取样气。置功能开关（FUNCTION）到取样（SAMPLE）位置，开启泵，使分析仪处在取样气方式。仪器稳定后，显示的即为甲醛气体的浓度值，取样流量约为 1 L/min。

3 注意事项

（1）按照国标《室内空气质量标准》（GB/T 18883—2002），采样前关闭门窗 12 h，采样时关闭门窗；采样点应避开通风口，离墙壁距离大于 0.5 m；相对高度 0.5～1.5 m。

（2）因室内环境中甲醛浓度很低，所以采样时应尽量避免空气的流动（如人员走动、空调通风等）。

（3）不要在检测环境内吸烟（香烟燃烧时释放甲醛）。

（4）4160 甲醛分析仪的传感器对人呼出的气体较为敏感，测量时不要将采样手柄指向人的口鼻附近。

附录 8　便携式 TVOC 检测仪——PGM-7240 VOC 检测仪

1 仪器技术指标和要求

（1）检测器：PID 光离子化检测器（标准 10.6eV）。

（2）量程：0～9 999 ppb/10～99.9 ppm/100～2 000 ppm。

（3）精度：±20ppb 或读数的 10%。

（4）分辨率：1ppb/0.1ppm/1ppm。

（5）电源：镍氢充电电池或 4 节 AA 碱性电池。

（6）电池工作时间：连续工作 10 h。

（7）校正系数：内置 102 个 VOC 校正系数。

（8）标定：零点与标准气体两点校正。

（9）显示：大屏幕液晶显示及 LED 背景灯。

（10）按键：一键操作、两键编程。

（11）直接读数：瞬时值、峰值、电池电压、TWA、STEL。

（12）报警设置：单独设置 TWA、STEL 和峰值的报警限值。

（13）操作模式：检测和卫生模式，用户可选。

（14）声光报警：90 dB 蜂鸣器，LED 闪动。

（15）报警模式：持续报警或自动重置。

（16）数据采集：可存储 15 000 个数据，并可通过 PC 机的 RS232 接口传输包括时间、日期、用户编号、被测地点编号等数据。

（17）采样泵：内置式，水平 60 m 或垂直 30 m 采样，流速 400 cc/min，低流速时自动停泵并报警。

（18）使用温度：–10～40℃，0～95%相对湿度（无冷凝）。

（19）体积：218（L）×76.2（W）×50（H）mm。

（20）重量：553 g（含充电电池）。

2 仪器使用方法

2.1 数据检测步骤

2.1.1 仪器加电

按[MODE]键 1 s 然后放开，仪器加电，鸣叫一声后泵开启。

随后显示“ON”、版本号……日期和时间等信息。

最后显示“Ready...”（准备就绪）。

2.1.2 开始检测

按[Y/+]键开始测试循环，显示检测点编号、测试的气体，泵将开启并显示检测数据。

2.1.3 显示检测结果及数据采集

检测气体的浓度以 ppm 为单位每秒更新一次。如果设定了数据采集，屏幕将闪现“L”，并按设定周期存储检测数据。

2.1.4 停止检测

按[MODE]键显示“STOP？”（停止？），按[Y/+]键停止检测及数据采集，同时泵也自动停止；按[N/-]键则继续检测。

2.1.5 仪器断电

按[MODE]键，仪器鸣叫一声，并开始倒计时，保持 5 s，最后屏幕显示“OFF”，然后关闭仪器电源。

2.2 卫检模式菜单

仪器加电显示“Ready...”后，按[MODE]键可以循环浏览所示内容：

Ready（准备就绪）；Avg Reading（平均值）0.0；Peak（峰值）0.0；Run time（运行时间）；Bat=4.8 V（电池电压）；Shut Down at（关闭电压）=4.2 V；01/08/03（月/日/年）10:30（时间）；T=70F（仪器温度）；Log on/off（数据采集）；Cancel Background（取消背景）；PC Comm（通讯）；Survey（调查模式）；Site ID（检测点编号）；Gas=xxxx（气体）。

2.3 仪器编程菜单

2.3.1 Calibrate/Select Gas？校正/选择气体？
Zero Cal？（零点校正）
Span Gas Cal？（标准气体校正）
Select Cal Memory？（选择校正存储信息）
Change Span Value？（改变标准气体值）
Change Cal Memory？（改变校正存储信息）
2.3.2 Change Alarm Limit？改变报警限值？
Change High Alarm Limit？（改变高限报警值）
Change Low Alarm Limit？（改变低限报警值）
Change STEL Alarm Limit？（改变 STEL 报警值）
Change Avg Alarm Limit？（改变平均值报警值）
2.3.3 View Data/Change Datalog？浏览或改变数据采集方式？
View Data？（浏览数据）
Clear Data？（清除所有数据）
Change Datalog Period？（改变采集间隔）
Select Average Type？（选择平均类型）
2.3.4 Change Monitor Setup？改变仪器设置？
Change Operation Mode？（改变操作模式）
Change Site ID？（改变检测点编号）
Change User ID？（改变用户号）
Change Alarm Mode？（改变报警模式）
Change User Mode？（改变用户模式）
Change Date？（改变日期）
Change Time？（改变时间）
Change Lamp？（改变灯的种类）
Change Unit？（改变数据单位）
Change Pump Speed？（改变泵速）
Change External Output？（改变外部输出）
Change DAC Range？（改变 DAC 范围）

2.4 进入编程模式

2.4.1 进入编程模式
在“Ready”状态下或显示检测值时，同时按下[MODE]和[N/–]键 3 s；仪器显示“Calibrate/Select Gas？”；同时放开[MODE] 和[N/–]，进入编程模式。

2.4.2 浏览编程菜单

按[N/–]键循环浏览编程菜单；按[Y/+]键选择菜单。

2.4.3 退出编程菜单

在任一菜单项下，按[MODE]键，则退出编程模式，返回检测状态。

2.4.4 编程状态下按键功能

[MODE]：短促按下退出菜单，按下并保持 1 s 退出数据输入模式。

[Y/+]：在数据输入时增加数值，或确认提问。

[N/–]：在数据输入时减小数值，或否定提问。

附录 9 便携式氡检测仪——RAD7 氡检测仪

1 仪器技术指标和要求

（1）探测器：α粒子固态硅检测器，对困扰很多其他探测器的震动和噪声不敏感，特别低的本底。如果没有氡气，RAD7 氡气窗口就没有计数。

（2）目标空气：Rn-222（氡气）；Rn-220（钍射气）。

（3）动力范围：0.1～20 000 pCi/L（4～750 000 Bq/m^3）。检测下限可到 0.1 pCi/L。因为空气检测中读数多低于 1.0 pCi/L，所以特别有用。

（4）灵敏度：嗅探模式，0.25 cpm/pCi/L。

（5）测量模式：连续氡气监测，长时间或短时间氡水平筛选，以及用抽吸管（吸嘴）搜寻氡与钍射气的涌入口。

（6）测量对象：连续监测，0.4 cpm/pCi/L；抽吸，0.2 cpm/pCi/L。

（7）存储容量：1 000 个以前测的氡浓度及相关数据。可以在 LCD 显示屏上读出、打印或下载在 PC 机，数据同时显示氡浓度的高值、低值、平均值以及标准偏差。

（8）工作原理：用静电法引导α发射体，再做能谱分析。

（9）内置气泵：流量率标准值 1 L/min（在进气口测量）。泵上带进出气管接口。

（10）谱数据输出：表示α分布的脉冲幅度谱用来验证氡/钍射气，并显示 RAD7 正常工作。α粒子能量的精确确定产生氡的“指纹”，以便从其他同位素里分离出氡与钍射气的α粒子。

（11）快速低水平读数：在连续监测方式时，RAD7 可以在 1 h 内测到美国 EPA 规定的干预水平 4 pCi/L，其标准偏差为 10%。由于 RAD7 实际上没有本底，所以它要比任何其他电子式探测器都要灵敏，即可以很容易地测到 0.1 pCi/L。

（12）仪器恢复：RAD7 在受到高氡水平照射后，以 3.05 min 为半衰期进行恢复，即在 12 min 内降到正常值的 10%，在 30 min 内降至峰值的 1%以下，从 20 000 pCi/L 降至 1 pCi/L 只需 1 h。

（13）出错保护：该仪器编程中有一条“Test Lock”测试设置锁定命令，可确保 RAD7 不受任何形式的有意或无意的操作干扰。

（14）自动方式：该模式先在“抽吸”（sniff）方式下运行，然后在 3 h 后切换到正常测量方式，而不再等待个体平衡，这样可以给出快速响应，并有统计精度。

（15）连续更新：在此方式下，连续给出氡水平的更新值，这样便可看到所有测量期间的变化趋势，而不只是在一些预置时间内的变化。

（16）LCD 显示：两行显示，每行 16 字符（数字），方便读取。

（17）音响报警：指示氡及钍射气的所在位置和浓度，可置开或关。

（18）电源：交流/电池供电，电池为 5AH 6V。接上交流电后即自动充电。

（19）打印机：惠普 HP82240A。

（20）RS-232 接口：供连接计算机或 MODEM。

（21）操作环境：温度：3～40℃；湿度：0～100%（不凝结）。

（22）重量尺寸：5 kg，24（L）×19（W）×27（H）cm。

2 仪器使用方法

2.1 设置为“2 天测试”模式

您需要准备 RAD7，电源插线，实验室干燥设备（一大管干燥剂，一端有螺帽），置于入口处的过滤器（所提供的六个过滤器中的一个），一端带套筒，另一端带衬垫的一段气管，打印机和打印机适配器。

在第一次启动时，您需要将时钟设置在您所处的时区。开动 RAD7，按[菜单]，再按[→]两次。您可以看到“设置”显示出来了。按[回车]，再按[→] 10 次，您就会看到“设置时钟”。按[回车]，使用方向箭头调整小时、分钟、秒钟、日期、月、年，按[回车]以确定每次的设置。现在我们可以继续操作了。

2.1.1 将过滤器附在管材上（用衬垫将它推到底）。

2.1.2 从干燥器上小心移去两个塑料帽。将管材带有套管的一端附在干燥器离螺帽最远的管材配件上。

2.1.3 将过滤器附在 RAD7 的入口端。这样空气取样系统设置好就可以进行测试了。

2.1.4 给 RAD7 插上电源，并开启电源。

2.1.5 按[菜单]、[回车]，然后按[→] 4 次。您会看到 LCD 显示“Test Purge”（测试净化）。

2.1.6 按[回车]，泵应该启动了。

2.1.7 设置打印机（插入纸张和电池——参看惠普手册）。给打印机适配器插上电源。

2.1.8 将打印机放在面板的绿线之间。

2.1.9 净化一段时间后（通常至少 5 min），您会看到显示“Setup”。

2.1.10 按[回车]2 次，然后重复按任何一个箭头键直到您看到屏幕显示“Protocol：2-Day”。然后，按[回车]键。

2.1.11 在显示“Setup”时，按[回车]键，然后[→] 7 次，您会看到显示了“Setup Format”。按[回车]再用箭头键选择“Format”：短（Short），再按[回车]。

2.1.12 切断 RAD7 的电源。开动打印机的电源，现在再将 RAD7 的电源开启。打印机将打印出如下样式的一些内容：

DURRIDGE RAD7
Vers 2.5f 991128
Model 711
Serial 00512
Calib 21-MAY-99 17:30

Last Used
FRI 21-MAY-99 19:09
Protocol：2-DAY
Cycle：01:00
Recycle：48
Mode：Auto
Thoron：Off
Pump：Auto
Tone：Geiger
Format：Short
Units：pCi/L ℃

按[菜单]、[回车]、[→]。您会在 LCD 显示上看到：“Test Start”（测试开始）。

按[回车]，泵将开始运转。LCD 显示如下样式的一些内容：

0101 Live Sniff
00:59:37 00001

现在可以在您所处地方监测氡气含量了。打印机会每一个小时打印出如下样式的一些读数：

0102 2.69 ± 0.73 p Sniff

FRI 21-MAY-99　　19:41

26.8℃　RH：7%　B：7.06 V

这里 0102 是运行（01）和周期（02）序号，2.69 是测到的氡气浓度，0.73 是统计不确定性，p 表示单位（pCi/L），1 pCi/L = 37 Bq/m^3。Sniff 表示对于这个读数只有钋-218 的衰变被记录了（3 h 后模式自动切换为正常）。第二行是日期和时间。第三行表示测量室内的温度、湿度以及内部电池的电压。若为中等（Medium）和长（Long）的模式设置使得每个周期打印的信息要多一些。

2.2 查找污染源实验的设置

查找污染源实验能让您对氡气、钍气含量进行快速、定性的检测，因而可以用来搜寻氡气进入点。

您需要准备与上述两天实验一样的设备，但是要使用一个小的干燥管而不是大的实验干燥设备。

打印机将打印出如下样式的一些内容：

DURRIDGE RAD7

Vers 2.5f 991128

Model 711

Serial 00512

Calib 21-MAY-01

Last Used

　WED 23-MAY-01 17:30

Current settings：

　FRI 25-MAY-01 19:09

Protocol：Thoron

Cycle：00:05

Recycle：00

Mode：Sniff

Thoron：On

Pump：Auto

Tone：Geiger

Format：Short

Units：pCi/L　℃

按[菜单]、[回车]、[→]。您会在 LCD 显示上看到：“Test Start”（测试开始）。

按[回车]。泵将开始运转。LCD 显示上您可以看到如下样式的一些内容：

0201　　Live　　Sniff

00:04:37　　　　00001

现在可以在您所处地方对氡气和钍气进行查找污染源实验了。打印机会每 5 min 打印出如下样式的一些读数：

0203　2.69 ± 2.83　p　Sniff

1.68 ± 2.15　p　Thoron

FRI 21-MAY-99　19:41

26.8℃　RH：7%　B：7.06 V

这里 0203 是运行（02）和周期（03）序号，2.69 是测到的氡气浓度，2.83 是统计不确定性，p 表示单位（pCi/L），Sniff 表示对于这个读数只有钋-218 的衰变被记录了。第二行是测到的钍的浓度和不确定性。第三行现在是日期和时间。第四行表示测量室内的温度、湿度以及电池电压。

3 注意事项

RAD7 是一个结实的、耐久的仪器。可是，它是复杂的、精密的电子设备，密封不是很好，因此要很小心使用。请不要让水、其他液体或者灰尘进入机器。如果在可能会溅水、损坏或雨淋的地方使用，请保护好它。

仪器设有电子安全保护功能，仪器若是被误操作，键盘将被锁住。如果键盘停止工作，您看到的只是显示“DURRIDGE RAD7”，按照如下步骤操作可以退出锁定：一直同时按住[回车]键和两个箭头键，直到您听到了嘟嘟声，然后松开三个键并立即按住[菜单]键。之后您会看到显示[测试]命令，表示已经退出锁定。如果声响功能被设置为“OFF”，您就听不到嘟嘟声，因此在按下三个键 3～4 s 才松开，再按[菜单]键。如果不成功，请试试按住的时间长一点或是短一点。

附录 10　新型 JWL–2B 固体撞击式多功能空气微生物监测仪

1 仪器技术指标和要求

（1）捕获率：＞99.7%。

（2）检测原理：撞击法狭缝式。

（3）检测范围：0.1～50 μm 细菌粒子（根据用户要求可任选：细菌、病毒、真菌、花粉、噬菌体五档分别检测或组合）。

（4）工作方式：连续可编程检测时间，小于或等于每次 3 min。

（5）工作噪声：小于或等于 59 dB（A 声）。

（6）检测时间：0～12 分 30 秒。

（7）检测流量：20 L/min。

（8）环境温度：0～35℃。

（9）环境湿度：＜90% RH。

（10）供电：220VAC±10%；12VDC±10%。

（11）耗电：≤700 MA。

（12）尺寸重量：3.1 kg，100（L）×220（W）×240（H）mm。

2 仪器使用方法

2.1 操作前准备

2.1.1 消毒监测头

（1）把监测仪推至测试地点，取出三角架，装上监测头，将软管两端与监测仪控制器（监测输入）和监测头底座连接处拧紧（注意：两端连接处必须拧紧防止漏气）。

（2）拧下监测头保护罩。拧下进气端盖，用 95%～98%酒精棉球火焰灭菌消毒进气端盖窄缝正反两面。

2.1.2 平皿准备

（1）平皿处理：用纱布蘸少量洗衣粉或洗涤灵擦拭平皿数次，如有色点需擦净（不可用硬物质刷洗表面），用水冲洗干净，然后放置在 60～80℃烤箱内烘干或自然晾干。

（2）包好平皿，高压灭菌（121℃）20～25 min。

（3）采用介质制作：按采用器使用说明配制培养基，用半自动琼脂加液器向平皿加注营养琼脂 4.3～4.5 mL。加注好营养琼脂的平皿放在 37℃恒温箱培养 24～48 h 做无菌检验。无菌生长的平皿放在 4℃冰箱冷藏保存备用。

2.2 操作方法

2.2.1（拧开监测头上的端盖）将带琼脂的平皿水平装在机内的三卡盘上并确定完全接触，拧上端盖。

2.2.2 调整调节器到所需位置：细菌（XJ）、病毒（BD）、噬菌（SJ）、真菌（ZJ）、花粉（HF）。

2.2.3 把“电源选择”旋钮拨到相应位置（“交检”：使用外接电源 220V 工作，“直检”：使用机身自带电池工作）。按下“总电”开关，同时高压指示灯亮（低压指示灯闪烁或亮，说明电源不足，需要充电后使用）。

2.2.4 根据空气污染情况，用“计时选择”档位定好监测时间，一般室内 2 min，室外 3 min，洁净区 10 min。

2.2.5 按下控制器“启动”钮开始监测，调节“流量调节”旋钮使工作采样时气体流量达到 20 L/min，监测结束自动停机。

2.2.6 监测完毕，关电源开关（“电源选择”拨到“O”或“OFF”）。

2.2.7 取出平皿，放置 37℃恒温箱培养 24～28 h，再取出计数。以菌落计算公式进行计算。

2.2.8 每个监测点进行 3～5 次监测，取 3～5 个平皿样品，取平均数值为测试结果。

2.2.9 用于一般环境空气微生物监测，可将监测头安装在三角架下，离地面距离按需要调节，通常高度 1 m 左右。

参考文献

[1] 中国室内装饰协会室内环境监测中心，中国标准出版社第二编辑室．室内环境质量及检测标准汇编．北京：中国标准出版社，2003.

[2] 王炳强．室内环境检测技术．北京：化学工业出版社，2005.

[3] 王小逸．室内空气监测——方法与应用．北京：中国环境科学出版社，2006.

[4] 姚运先，冯雨峰，杨光明．室内环境检测．北京：化学工业出版社，2005.

[5] 梁晓星，陈汉军，冯雨峰．空气环境检测．北京：化学工业出版社，2005.

[6] 曲建翘，薛丰松，蒙滨．室内空气质量检测方法指南．北京：中国标准出版社，2002.

[7] 崔九思．室内环境检测仪器及应用技术．北京：化学工业出版社，2004.

[8] 谢玮平．环境监测实训指导．北京：中国环境科学出版社，2008.

[9] 聂麦茜．环境监测与分析实践教程．北京：化学工业出版社，2003.

[10] 王喜元．建筑室内放射污染控制与检测．南京：东南大学出版社，2004.

[11] 李新．室内环境与检测．北京：化学工业出版社，2006.

[12] 魏名山．汽车与环境．北京：化学工业出版社，2005.

[13] 国家质量监督检验检疫总局职业技能鉴定指导中心．质量技术监督基础．北京：中国计量出版社，2004.

[14] 国家质量技术监督局认证与实验室评审管理司．计量认证/审查认可（验收）评审准则宣贯指南．北京：中国计量出版社，2001.